日本語だからスイス[illegible]作れる

プログラミング入門教室

クジラ飛行机［著］

中学生から大人まで、プログラミングが初めての方へ

ご注意

本書の紙面で使われている絵文字は、著作権の問題により、実際にブラウザで表示される絵文字とは違いがありますのでご注意ください。

紙面では、Twitterの絵文字である「twemoji」（https://twemoji.twitter.com/, CC-BY 4.0）を掲載しています。

本書のサンプルプログラム

本書で掲載しているサンプルプログラムは、以下で掲載しています。

https://bit.ly/3e8JYkv

本書のサポートサイト

本書の補足情報、訂正情報などを掲載してあります。適宜ご参照ください。
ダウンロード用のサンプルファイルも配布しています。

https://book.mynavi.jp/supportsite/detail/9784839976699.html

はじめに

本書はプログラミングを楽しく学ぶための入門書です。プログラミング言語「なでしこ」を使ってプログラミングを学びます。プログラミングを覚えるなら、自分のアイデアを形にできるだけでなく、日常生活や仕事にも役立つ考え方を身につけられます。

なでしこは「誰でも簡単プログラマー」を目標に開発されたプログラミング言語です。WindowsやmacOSだけでなく、ChromebookやiPhoneやAndroidなどいろいろな端末で動きます。私たちの母国語である「日本語」をベースに開発されているので、とても親しみやすく、気軽に楽しくプログラミングを学べます。

2021年より中学校でプログラミングの授業が始まりましたが、なでしこは中学校の技術の教科書にも採用されました。これまでも多くの社員教育や専門学校などで活用されてきましたが、多くのユーザーから「ほかのプログラミングでは挫折したけど『なでしこ』だから覚えられた」という嬉しい感想が寄せられています。

ちなみに、プログラミング言語学習の特徴でもあるのですが、1つのプログラミング言語が使えるようになると、別のプログラミング言語も容易にマスターできます。ですから、最初に「なでしこ」を学び、それから他の言語にステップアップするのも一つの手です。

もちろん、なでしこを使えばいろいろな種類のプログラムを作ることができます。本書を軽く一通り眺めてみれば、ゲームや便利なツールなど、さまざまなプログラムを作れることが分かると思います。安心して「なでしこ」に取り組んでみてください。

プログラミング上達のヒントは、実際に自分で入力して動作を確認してみることです。本書では、動かして納得、作って楽しい例題をたくさん集めました。筆者はこれまで30冊以上のさまざまなプログラミング言語の入門書を執筆しましたが、プログラミング学習のノウハウを本書にギュッと凝縮しています。

プログラミングはクリエイティブで、とても楽しいものです。これからプログラミングを始める皆さんが、本書をきっかけに、物作りの楽しさを存分に味わうことを願っています。

本書の対象読者

- プログラミングに興味のある人
- これからプログラミングを学ぼうと思っている人
- 以前プログラミングに挑戦したが挫折した人
- 日本語でプログラミングを書きたいと思っている人
- PCやスマートフォン、タブレットなどいろいろな環境で動くプログラムを作りたい人

2021年7月　クジラ飛行机

本書のプログラムの読み方

本書では、読者に入力して試してもらいたいプログラムを表現するときには、上部に鉛筆マークの付いたボックスに入れています。　また、鉛筆マークの横にファイル名が書いてある場合は、サンプルファイルが用意されています。

[実行] file: src/ch1/hyoji.nako3

```
12345と表示
```

プログラムは、なでしこの「簡易エディタ」(https://nadesi.com/v3/start)など、なでしこが実行できる環境にて実行してください。

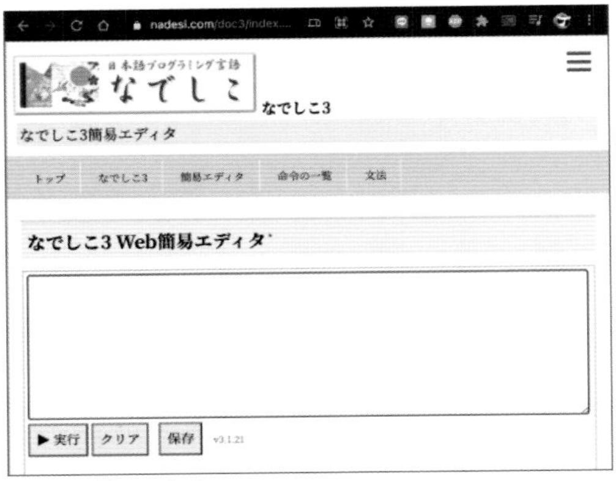

なでしこ3簡易エディタ

プログラムの実行結果は、右のような背景色がついたボックスに入っています。結果画面のキャプチャ図が掲載されていることもあります。

```
鈴木さん：59点
日村さん：存在しない
```

なでしこの一覧ページ(https://bit.ly/3e8JYkv)からサンプルファイルを見つけるか、本書のサポートサイト(https://book.mynavi.jp/supportsite/detail/9784839976699.html)から、プログラムをダウンロードしてお使いください。

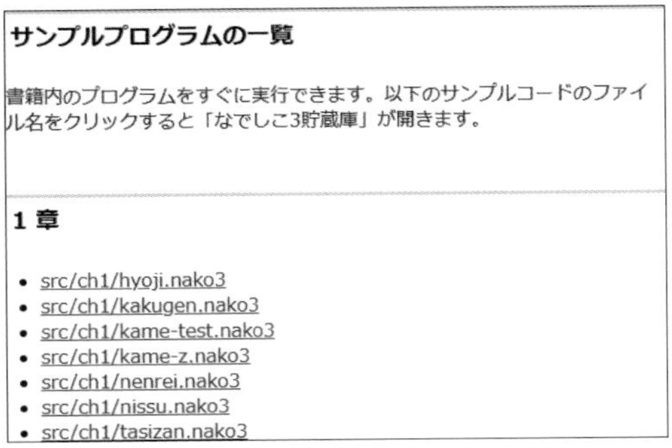

サンプルプログラムの一覧

書籍内のプログラムをすぐに実行できます。以下のサンプルコードのファイル名をクリックすると「なでしこ3貯蔵庫」が開きます。

1章

- src/ch1/hyoji.nako3
- src/ch1/kakugen.nako3
- src/ch1/kame-test.nako3
- src/ch1/kame-z.nako3
- src/ch1/nenrei.nako3
- src/ch1/nissu.nako3
- src/ch1/tasizan.nako3

Contents

Chapter 2 プログラミングの基本—計算と変数

Chapter 4 データ処理について

Chapter 1

プログラミングをはじめよう

「プログラミング」とは何でしょうか。
「なでしこ」とは何でしょうか。
本書の最初に基本的な物事を整理してみましょう。
また、プログラミング上達のヒントについても紹介します。

Chapter 1-01

プログラミングで何ができるの？

本書では「プログラミング」について学びます。それでは、プログラミングとは何でしょうか。プログラミングによって何ができるのでしょうか。ここでは基本的な用語を確認し、実際に何に役立つのか確認してみましょう。

ここで学ぶこと　プログラミングとは？ / プログラミングで何ができる？

プログラミングとは？

「プログラミング」とは「プログラム」を作ることを言います。それでは「プログラム」とは何でしょうか。プログラムを一言で表すと「コンピューターにさせたいこと書いた指示書」です。

皆さんが手にしているコンピューターにはたくさんのソフトウェアが入っています。一番基本的なソフトウェアがOS（オペレーティングシステム）です。そして、OS上で動かすさまざまなアプリケーションがあります。それらのソフトウェアを作るために、多くのプログラムが書かれました。

つまり、どのようにOSが動くのかは、OSのために書かれたプログラムに基づいて動きます。そして、OS上で動くアプリケーションもそれがどのように動くのかを指示したプログラムに基づいて動きます。

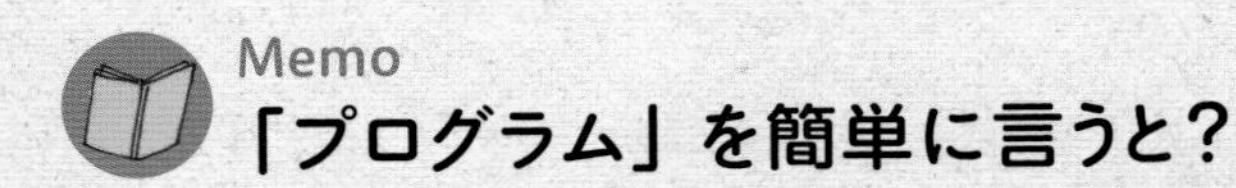

Memo

「プログラム」を簡単に言うと？

プログラムとは、させたいことを書いたもの、コンピューターに与える指示書。

コンピューターという劇場にて

もう少し分かりやすくプログラムを説明する良い例があります。プログラムの類義語に「スクリプト」という言葉があります。この言葉は「台本」を意味する英語です。コンピューターを劇場に例えてみましょう。OSという舞台上にはアプリケーションという俳優や女優がいます。そしてアプリケーションがどのように動くのかは台本によって指示されています。各アプリケーションには異なる台本が与えられており、その台本に沿って動くことになります。

コンピューター劇場

ちなみに、その台本は何語で書かれているでしょうか。プログラミング言語です。劇場の俳優が日本人なら台本は日本語で書かれています。アプリケーションを作る場合、アプリケーションが理解できる「プログラミング言語」でプログラムを書く必要があります。プログラミング言語には「C言語」「Java」「Python」「Ruby」「なでしこ」など、いろいろな言語があります。

✿プログラミングでできること

それでは、プログラミングで何ができるのでしょうか。いろいろな仕事をプログラミングによって動かすことができます。

機器の制御

まず、コンピューターと接続したさまざまな機器を制御できます。コンピューターにカメラがつながっていれば写真を撮影できます。マイクをつなげれば音声を録音できます。例えば、掃除ロボットとは、コンピューターにモーターや吸引装置が接続されたものと言えます。この場合もタイヤを動かすモーターを制御するのにプログラミングが必要です。

アプリケーション

また、コンピューターで動くアプリケーションを作成できます。普段使っているスマートフォンも高度なコンピューターの一つです。スマートフォンのアプリケーション（略称：アプリ）もプログラムを元に動いています。プログラムを作ることによって、SNSやWebブラウザ、地図やニュースのアプリを実現できます。

科学計算やAI

そして、統計処理や科学計算ができます。人間が計算すると何時間もかかる計算もプログラミングするなら、あっという間に計算することができます。気象予測や画像認識、音声認識、AI（人工知能）などさまざまな処理が可能です。

ゲーム

それから、みんな大好きなゲームも作れます。簡単なパズルゲームからアクションゲーム、音楽ゲーム、壮大な物語のロールプレイングゲームに至るまで、プログラミングによってあらゆるゲームを作れます。

業務システム

さらに、業務システムを作れます。簡単なところでは見積書や請求書を作ったり、スーパーや小売店の物流管理システムや、銀行や証券会社の金融システムなども作れます。駅の改札システムや、信号機の制御、電気やガスの制御システムなど、こうしたシステムは生活と切っては切れないものです。こうしたシステムもプログラミングで作られています。

✱ 具体的にプログラミングを体験してみよう

プログラミングを通して「コンピューターに指示を行う」ことができます。とは言え、これだけの情報では、よく分からないことでしょう。ここでもう少し具体的な例を見てみましょう。

問題

ロボットをゴールまで連れて行こう（1）

5×5のマスがあり左上にロボット が配置されています。このロボットを右下にあるゴール［G］まで動かしてください。このロボットに与えられる命令は「前進」と90度に「右回転」の2つだけです。ただし、マスの上には障害物［■］がありこれを避けて動かす必要があります。なおロボットは最初右側を向いており、前進したら障害物かマスの外枠に当たるまで進みます。障害物かマスの外枠に当たったら止まります。

【ロボットに与えられる命令】
前進
右回転

【プログラムの目的】
左上のロボット を右下のGまで動かす

○				
			■	
■	■	■	■	
		■		
				G

簡単なプログラミングの例題

プログラムを作ってみよう

ここでロボットに与えられる命令は限られています。一般的なプログラミング言語も同じで、コンピューターに与えられる命令は限られています。その命令を組み合わせることで、何かしらの仕事をこなします。

この問題は以下のようなプログラムで解くことができます。

```
前進
右回転
前進
```

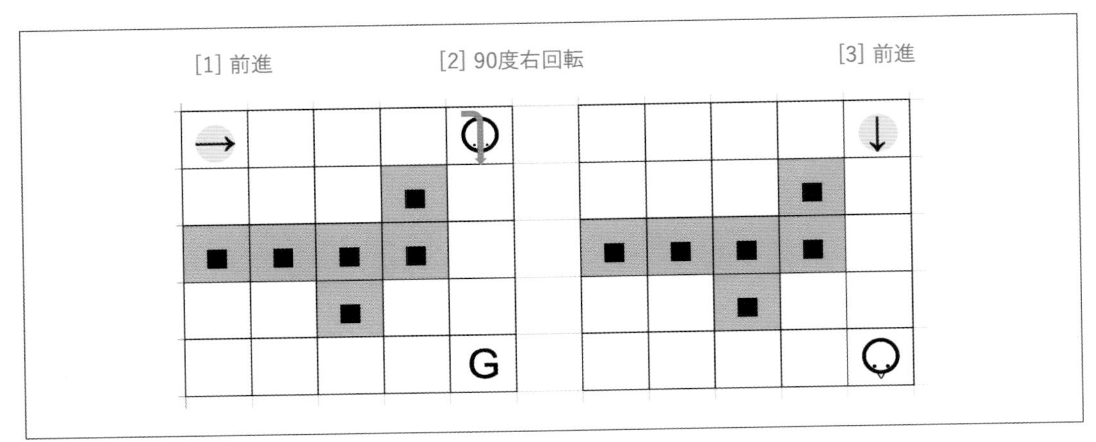

簡単なプログラミングの例題

問題

ロボットをゴールまで連れて行こう(2)

それでは、同じルールの下で右のように障害物が配置されていたとき、どのように問題を解くことができるでしょうか。同じく使えるのは「前進」と「90度右回転」だけです。

G

練習問題 - どのようなプログラムを作れば良いか？

練習問題の答え

答えは次の通りです。ちょっと複雑ですが、よく考えれば解くことができるでしょう。

```
前進
右回転
前進
右回転
右回転
右回転
前進
右回転
前進
```

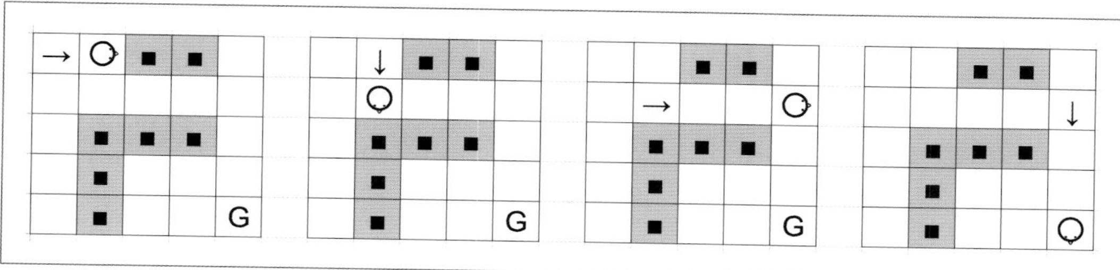

練習問題の答え

プログラミングと自然言語は違うもの

私たちが日常会話で誰かにお願いごとをすることとプログラミングには大きな違いがあります。人間にお願いをするときは曖昧な言葉で言い換えたり、もっと曖昧に「ゴールまで駒を動かしておいて」と言っても相手に通じます。もし相手が家族や友人だったり身近な人であったりすれば、具体的に何か言わなくても「あの件やっておいて」と言うだけで空気を読んでやってくれることさえあるでしょう。

しかし、プログラミングをする場合、プログラミング言語の範囲内で決められた命令を組み合わせることしかできません。コンピューターは決められたことを、決められた通りに間違えずに行うことができます。しかし、空気を読むことはできず融通が利かず決められたこと以外は全くできないのです。

まとめ

プログラムとはコンピューターに与える指示書のようなものであり、プログラミングとはプログラムを作る作業のことです。プログラミングによって、機器を制御したり、アプリやゲームを作ったり、科学計算をしたり業務システムを作ったりと、さまざまなことが実現できます。

Chapter 1-02

プログラミングができると良いこと

プログラミングができると良いことがたくさんあります。どんな良いことがあるでしょうか。たくさんあるのですが、ここでは6つの良いことを紹介します。

ここで学ぶこと プログラミングのメリット

プログラミング6つのメリット

プログラミングができるとどんな良いことがあるでしょうか。たくさんありますが、ここでは代表的な6つを取り上げています。1つずつ見ていきましょう。

(1)物事を筋道立てて考えられるようになる

プログラミングを学び実践するなら、物事を筋道立てて考えられるようになります。特に「論理的思考能力(ロジカルシンキング)」が鍛えられます。これは、ちょっと聞き慣れない言葉だと思いますが、複雑な物事を整理して単純にすることや、情報を整理して相手に誤解なく伝える能力のことです。確かに、プログラミングでは筋道立てて物事を考えることが大切です。

前節で紹介したように、コンピューターはこちらの意図を察して動くことはありません。明確に間違いなく情報を整理して伝える必要があります。つまり、プログラミングを通して、論理的思考能力を身につけるなら、どんな相手にも誤解なく正確に情報を伝える能力を身につけられるのです。

(2)問題解決能力が身に付く

プログラミングによって身につけられるもう1つの能力が「問題解決能力」です。これは論理的思考能力とも関連しています。一般的に問題を解決する際、次の4つのステップを経験します。

(1) 問題を発見する
(2) 問題の原因を突き止める
(3) 解決策を考える
(4) 実際的なプランを立てる

こうした4つのステップは、プログラミングを作る上で大切です。というのも、プログラミングをしていると、作ったプログラムが思い通りに動かないという状況に直面します。それはプログラムの書き間違いであったり、そもそもプログラムの構造に誤りがあったことが原因であったりします。このように問題があってプログラムが動かないことを「バグ」と呼び、バグを修正する作業を「デバッグする」と呼びます。

どんな天才プログラマーであっても、最初からバグのないプログラムを作ることなどできません。人間である限り誰もが書き間違や勘違いをするものです。しかし、優れたプログラマーは問題の推測や改善の能力が高いので短時間でプログラムを修正できます。プログラミングを通して問題解決能力を身につけられます。

Memo

バグを恐れず問題解決能力を磨こう

きっと皆さんもなでしこのプログラムを入力して実行した時、「うまくプログラムが動かない」という問題（バグ）に直面するでしょう。そんなときは慌てず騒がず心を落ち着けて、それを問題解決能力を磨く「チャンス」と見なして頑張ってみてください。もちろん、本書では皆さんがつまづきそうな部分をヒントとして提示しています。安心して読み進めてください。

（3）アプリやITサービスの仕組みが分かる

プログラミングを学ぶと、どのようにアプリケーション（アプリ）やITサービスが構築されているのか、仕組みが分かります。仕組みが分かっていればトラブルに直面したときに問題の理由が分かったり、問題を回避する方法が分かります。もしも自動車で山道を走っていたときに突然車が止まったとしても、車の仕組みが分かっていれば、応急処置をして街まで走らせることができます。アプリやサービスも同じように問題に対処できる可能性もあります。

（4）アイデアを形にできる

プログラミングはとても楽しいのですが、その理由の一つが目に見えるアプリを作ることができる点にあります。プログラミングでアイデアを形にできれば、自分だけのアプリを作れます。なお、なでしこで作ったアプリは、ブラウザ上で動せるので、作ったアプリをパソコンやスマートフォンを介して世界中の人に使ってもらうこともできます。

（5）仕事を効率化できる

また、現代の多くの仕事はコンピューターを利用します。大工や配達員など体を使う仕事であっても、請求書を作成したりインターネットで地図を調べたりと、意外とコンピューターを使う機会が多いものです。

もしもプログラミングができるなら、そうしたコンピューターを使った仕事を自動化できる可能性があります。毎月自動的に請求書を作成するプログラムを作ったり、選んだ宛先のリストをもとに自動的に経路を表示するツールを作ったりできます。そのため、プログラミングができるなら、就職が有利になったり職場で重宝されることでしょう。また、近年プログラマーの求人倍率は他業種よりも高いものとなっています。

Memo

大富豪の多くはプログラマー出身者

近年の長者番付を見るとプログラマー出身者の経営者・同業者が並んでいることに気づきます。マイクロソフト創業者のビル・ゲイツ、Amazon創業者のジェフ・ベゾス、Facebookの創始者のマーク・ザッカーバーグなど、世界の大富豪の多くがプログラマーからキャリアを始めています。

ここまで紹介したように、プログラミングを身につけると、論理的な思考や問題解決能力が高くなります。これは会社の経営にとても役立つ能力なのです。もちろん、プログラミングを身につければお金持ちになれるという保証はありません。それでも、こうした能力は人生の中でも役立つものです。

(6) 物作りの楽しさが学べる

ここまでいろいろなメリットを紹介しました。しかし、何と言っても「自分で作ったプログラムが動くこと」が体験できるのが一番良いことだと思います。思った通りのプログラムが、思い通りに動いたときの楽しさは、体験した人にしか分からないことだと思います。

物作りの楽しさが学べるのもプログラミングの醍醐味です。なでしこで作ったプログラムは、PCだけでなくスマートフォンでも動かすことができます。本書で学んでゲームやツールを作ったらプログラムをみんなに使ってもらいましょう。それは、とても楽しい体験です。

まとめ

以上、ここで紹介したようにプログラミングができれば良いことがたくさんあります。プログラミングを通して楽しく人生に役立つ多くの能力を身につけられます。そして、何よりプログラミングはとても楽しいものです。これから筆者と一緒に楽しくプログラミングを学んでいきましょう。

Chapter 1-03

なでしことは?

「なでしこ」は日本語プログラミング言語です。ここでは「なでしこ」について紹介します。なでしこは、他のプログラミング言語と比べてどんな特徴があるでしょうか。簡単に確認してみましょう。

ここで学ぶこと　プログラミング言語について / なでしこについて

プログラミング言語とは

前節で紹介したように、「プログラミング言語」とは、コンピューターにして欲しいことを明確に伝えるための台本のようなものです。そして、日本語や英語、ドイツ語など、人間が使う言語にもいろいろな種類があるのと同じように、プログラミング言語にもさまざまなものがあります。

個人でちょっとした仕事を自動化するための簡易言語や、数百人のプログラマーが参加して作る巨大なシステムを作るための本格的な言語など、いろいろなものがあります。有名なプログラミング言語には、Java、Python、C/C++、JavaScript、Ruby、VBなどがあり、作りたいプログラムに応じて使い分けます。

「なでしこ」とは

そして、本書で学ぶ「なでしこ」とは、「誰でも簡単プログラマー」を目標に掲げているプログラミング言語です。

日本語プログラミング言語「なでしこ」のWebサイト
[URL] https://nadesi.com/

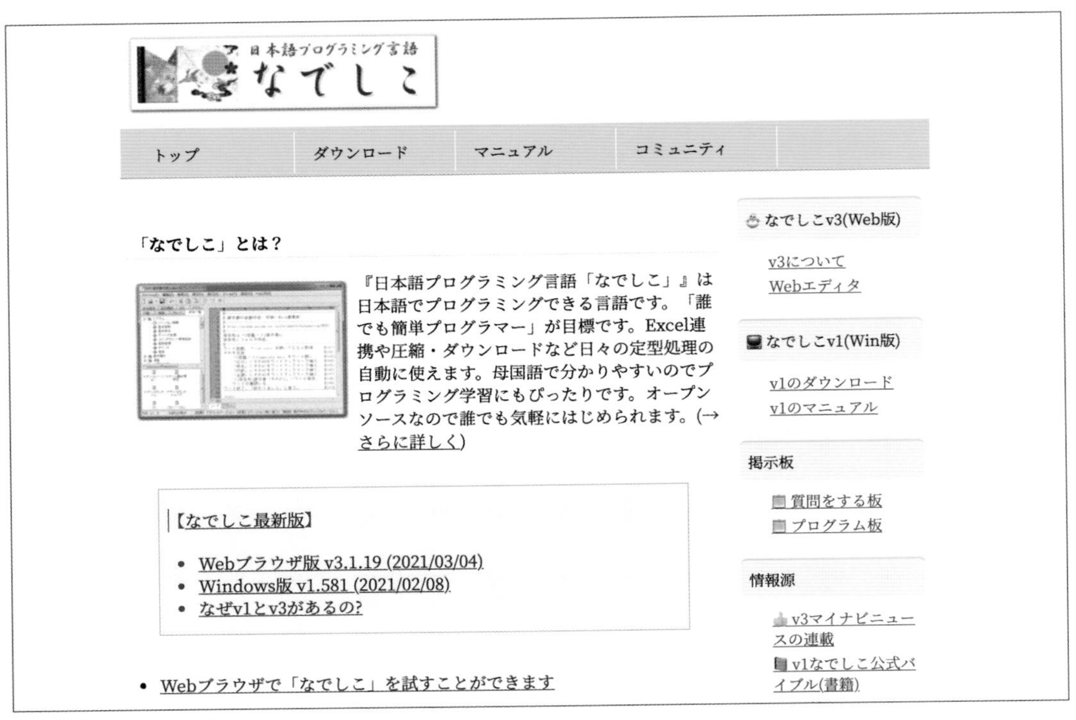

なでしこのWebサイト

特徴は日本語がベースのプログラミング言語であること

その特徴は、日本語をベースにしているという点にあります。先ほど名前を挙げた有名なプログラミング言語の多くは、英語をベースにして作られています。そのため、プログラミングを書く際、多くの英語を記述する必要があります。もちろん、それほど英語ができなくてもプログラムを作ることはできるのですが、やはり母国語をベースにしたプログラムの方が直感的に分かりやすいプログラムになります。

そして、この「直感的に分かる」ということがプログラミング初心者には大きな助けとなります。楽しくプログラミングを学ぶのに、なでしこはぴったりの言語です。

プログラムの例

例えば以下は今年の3月11日から7月1日までの日数差を表示するプログラムです。どうでしょうか、これはなでしこのプログラムですが、普通に日本語としても読むことができます。

file: src/ch1/nissu.nako3

```
「{今年}/03/11」から「{今年}/07/01」までの日数差を表示。
```

後ほど詳しく使い方を紹介しますが、なでしこのWebサイトにある簡易エディタで実行してみると、右のように112と答えが表示されます。

なでしこ3 Web簡易エディタ

「{今年}/03/11」から「{今年}/07/01」までの日数差を表示。

▶実行 クリア 保存 v3.1.19

112

日数を調べるプログラム

他にも、今年で何歳になったかを調べるプログラムを作ってみると右のようになります。このプログラムは日本語としても問題なく意味が通じるものではないでしょうか。

同じく簡易エディタで実行すると、質問ダイアログが表示され、生年を入力すると今年で何歳になるのか答えが表示されます。

file: src/ch1/nenrei.nako3

```
「生まれた年は？」と尋ねて生年に代入。
年齢は今年ー生年。
「今年で満{年齢}才です」と表示。
```

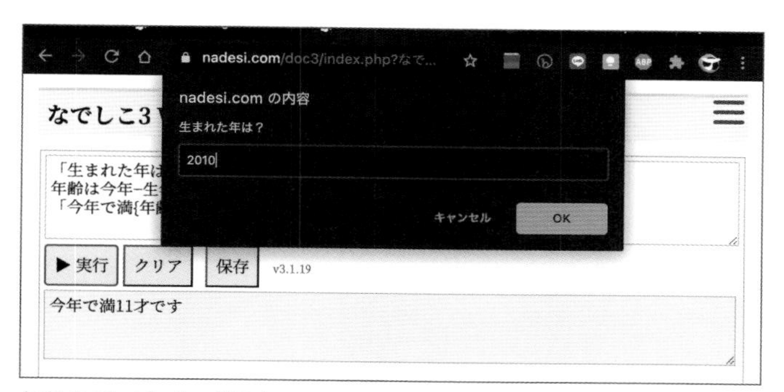

年齢を調べるプログラム

本書ではいろいろなプログラムを紹介しますが、いずれのプログラムも意味がそれとなく分かるものとなっています。もちろん、プログラミング独自の考え方を知らないと分からないものもありますが、いずれもなでしこが日本語ベースであることの威力を実感できるものでしょう。

Hint

最初に学ぶプログラミング言語が大切

ちなみに、仕事でプログラムを作る職業プログラマーであれば、大抵3つ以上の言語を使い分けています。いろいろなプログラミング言語を使い分けると言うと大変に思います。しかし、プログラミング言語は人間が使う言語と違って、基本的な考え方さえ学んでしまえば、2つめの言語を覚えるのはそれほど大変ではありません。

そのため「最初に学ぶプログラミング言語」が大切です。「なでしこ」であれば、親しみやすく挫折も少なく順調に学ぶことができます。これまでも多くの方が、最初になでしこを学び、その後で他のプログラミング言語をマスターしています。

✿なでしこはオープンソースで開発されている

また、なでしこは、プログラムのソースコードを公開し、複数の有志で開発する「オープンソース」という形態で開発されています。実際に開発中のプログラムを読むことができるだけでなく、不具合の報告や新機能の提案などの経過も見られます。開発の透明性が高く、どのようになでしこが作られているのか分かるのが特徴です。そして誰でも開発に参加できます。

なでしこの開発が行われているGitHubのサイト
[URL] https://github.com/kujirahand/nadesiko3

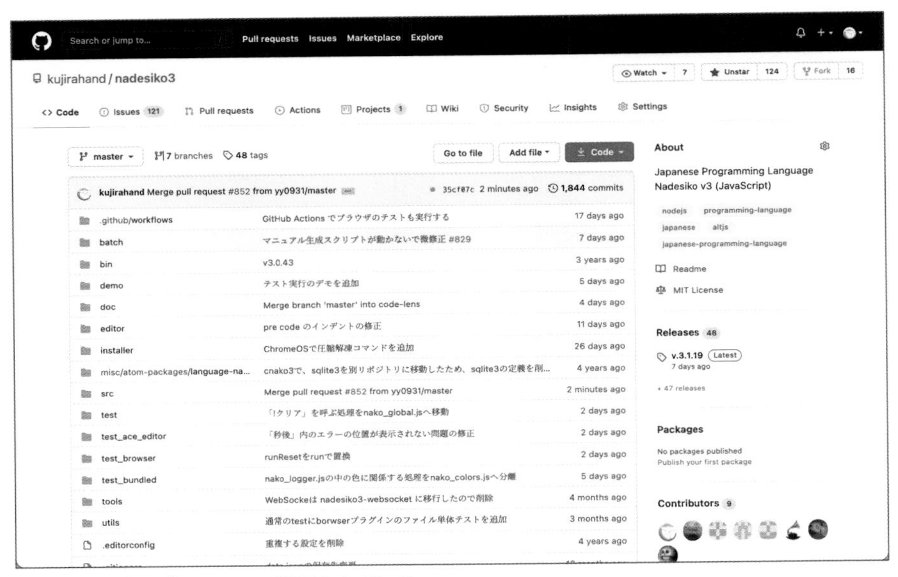

なでしこはオープンソースで開発されている

✿どうしてなでしこは作られたの？

筆者（クジラ飛行机）は、2001年に日本語プログラミング言語「ひまわり」を開発してフリーソフトとして公開しました。そして、2004年にひまわりの後継言語として公開したのが「なでしこ」です※1。2005年に正式版を公開して、その後もずっとコツコツと開発を続けています。言うなれば、20年以上に渡り開発されている言語なのです。

もともと、なでしこは事務作業の自動化のために作られたプログラミング言語です。テキスト

※1　実際に公開されているなでしこv1のソースコードを見てみると、「hima」や「hi」から始まるソースコードや関数があり、ひまわりの後継として開発していた痕跡が残っています。

データの加工や画像処理、またファイルのダウンロードなど、さまざまな事務業務を素早く片付けるために作りました。

日本語プログラミング言語にしたのは理由があります。当時筆者が働いていた会社にはプログラマーが自分一人しかいなかったのです。プログラマーでない同僚たちにもプログラムを作って業務を効率化して欲しいという思いから日本語プログラミング言語にすることを思いつきました。文法が簡単であり母国語で直感的にプログラムを読むことができるので、詳しい人でなくても抵抗なくプログラムに触れることができます。

なお、本書の執筆を始めた2021年には、教育図書の中学校の技術・家庭科（技術分野）に採択されました。なでしこを通して多くの若者たちが楽しくプログラミングを学ぶお手伝いができて、とても嬉しく思っています。

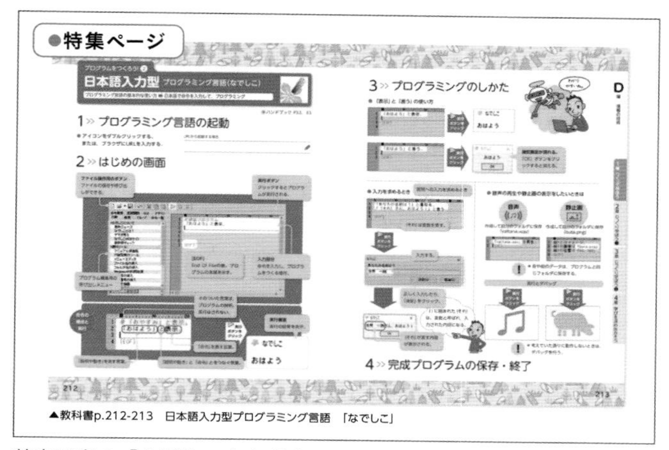

▲教科書p.212-213　日本語入力型プログラミング言語「なでしこ」

教育図書の「中学校・家庭 技術分野 内容解説資料」より※2

なでしこ1となでしこ3について

なでしこのWebサイトに行くと「なでしこv1（以下「なでしこ1」）」と「なでしこv3（以下「なでしこ3」）」と2つのバージョンがあることに気付きます。もちろん、なでしこ1が最初のバージョンであり、3が後で作られたバージョンです。基本的に異なる技術で作られており、用途も異なるため2つを選べるようになっています。

「なでしこ1」はWindowsに特化したプログラミング言語です。日本語でプログラミングできるのは同じですがWindowsでしか動きません。しかし、Windowsに特化している分、ファイル処理やMicrosoft Officeとの連携などWindows上で行ういろいろな処理を自動化できます。

これに対して「なでしこ3」は、Windowsだけでなく、macOSやLinux、Chromebook、iOS、Androidなどいろいろな環境で動くように調整されています。特にWebブラウザ上で動くように工夫されているので、スマートフォンやタブレットなど世界中の多くの端末で動かせます。なお、本書では「なでしこ3」に対応したプログラムを紹介します。

※2　出典元：https://www.kyoiku-tosho.co.jp/b_data/kateika/r3_gijutsu_naiyoukaisetsu.pdf

まとめ

「なでしこ」は日本語をベースにした日本人による日本人のための言語です。「誰でも簡単プログラマー」を開発目標にしています。これから、なでしこを使って楽しくプログラミングを学んでいきましょう。

Column

「なでしこ3」はダウンロードして使うこともできる

本書では、「なでしこ3」のブラウザ版を使って説明をしていきます。
しかし、「なでしこ3」には実はダウンロード版も用意されています。ダウンロード版を使うと、インターネット環境がないところでも使うことができます。ダウンロード版は、Windows、macOS、Linux、Android、Chromebook上で動かすことができます。

ダウンロード方法はOSごとに異なります。また、各OSにインストールすることで、そのOSの機能を使うことができます。

ダウンロード方法については、公式サイトの以下のページをご覧ください。

なでしこ3 OS別ダウンロード
[URL] https://nadesi.com/doc3/index.php?OS%E5%88%A5

Column

Google Chromeのインストール

次のページも記載がありますが、なでしこはGoogle ChromeやApple Safariなど複数のブラウザで動作します。ただ、本書の紙面ではChromeの画面を掲載しているので、同じように進めたい場合は、Chromeをインストールして進めてください。

・Windows/MacOSの場合

Chromeの公式サイト（https://www.google.com/intl/ja_jp/chrome/）からインストールしてください。

・iOS/Androidの場合

iOS（iPad/iPhone）の場合はApp Storeで、Androidの場合は、Google Playで「Chrome」などで検索してインストールしてください。

Chapter 1-04

なでしこ3をはじめよう

本書では「なでしこ3」を利用してプログラミングを学びます。ここでは、なでしこ3を始める方法を紹介します。なでしこを始めるのに特別なツールが必要ですか。いいえ、ブラウザがあれば十分です。

ここで学ぶこと なでしこ3 / URL / ブラウザ / 簡易エディタ

なでしこでプログラミングを始めよう

なでしこでプログラミングをはじめましょう。「プログラミング」を始めるためには、特別な機器やツールが必要でしょうか。いいえ、不要です。パソコンが一台あれば十分です。本書ではWindows、macOS、Chromebookが搭載されたパソコンを使ってプログラミングを学ぶことを想定しています。

とはいえ、なでしこでプログラミングする場合、パソコンがなくても、スマートフォンやタブレット(iPhone/iPad/Andorid)でもプログラムを作ったり動かすことが可能です。それでも、やはりプログラムを作る時にはキーボードがあると入力が便利です。

なでしこでプログラミングするのに必要なのはWebブラウザです。Google ChromeやApple Safari、Mozilla Firefox、Microsoft Edgeなどのブラウザが動く端末があれば、なでしこを動かせます。

なお、本書ではChrome(macOS)の画面を紹介しています。

なでしこを始めるには

なでしこでプログラミングを始めるには、なでしこ3のサイトにある簡易エディタにアクセスします。なでしこ3の簡易エディタは次のURLにあります。以下のサイトにアクセスすると、なでしこのプログラムを入力できる簡易エディタを表示します。

なでしこ3 > 簡易エディタ
[URL] https://nadesi.com/v3/start

なでしこ3簡易エディタ

Memo ブラウザにURLを入力する方法

ブラウザを起動すると、画面上部にアドレスバーが表示されます。このアドレスバーにURLを入力することで目的のWebサイトを表示できます。なおURLを入力するときは、[半角/全角]キーを押して半角英数モードにして入力する必要があります。

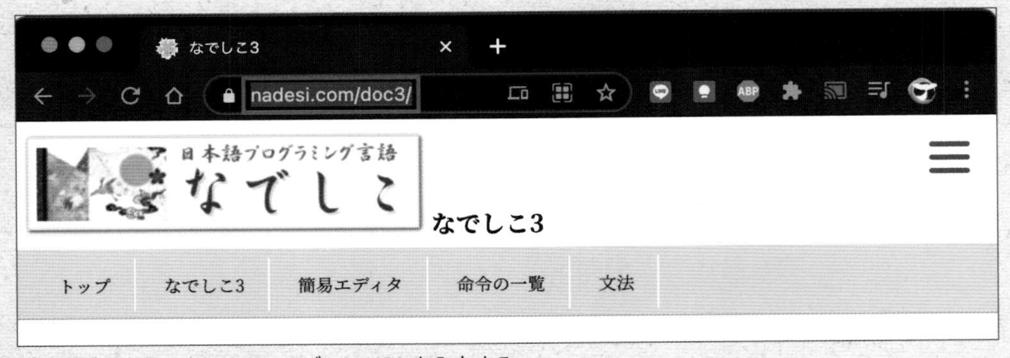

ブラウザの上部にあるアドレスバーにURLを入力する

なお『URL』とはインターネット上でWebページやデータを指定する住所です。本書では「なでしこ」のエディタやプログラムを紹介するためにURLを掲載しています。なお「なでしこ3簡易エディタ」などのキーワードで検索してアクセスすることもできます。

Memo
なでしこのサイト以外を使う場合

本書では、なでしこのWebサイトに配置されている、各種のなでしこ開発ツールを利用します。しかし、万が一なでしこのWebサイトに障害が起きると困る場合もあります。その場合は、いくつか代わりに使えるサイトがあります(ただし、バージョンや配置しているライブラリの違いのため、まれに、なでしこのサイトにあるエディタとは動作が異なる場合があります)。

・ギジュツを学ぼう > 学習用なでしこパッド
[URL] https://www.manabu-tech.net/nakopad/

・EZNAVI.net > なでしこ3エディタ
[URL] https://www.eznavi.net/site/nade3/

ほかには、なでしこ3(Windows版)を自分のパソコンにダウンロードして使うこともできます。以下のURLにアクセスして「Source code (zip)」をクリックすると一式をダウンロードできます。解凍して「start.vbs」をクリックするとセットアップが始まり、しばらくすると「なでしこ」が起動します。

・なでしこ3 Windows版 > ダウンロード
[URL] https://github.com/kujirahand/nadesiko3win32/releases

プログラムを実行するには

それでは、簡単なプログラムを作って実行してみましょう。最初に上記で紹介した『簡易エディタ』(https://nadesi.com/v3/start)をブラウザで開きます。そしてエディタ部分にプログラムを記述しましょう。

上記のプログラムをエディタ部分に記述したら「実行」ボタンを押してみましょう。するとエディタのすぐ下に12345と表示されます。

file: src/ch1/hyoji.nako3

```
12345と表示
```

なでしこ3 Web簡易エディタ

```
12345と表示
```

▶実行 クリア 保存 v3.1.21

```
12345
```

数字を画面に表示するプログラム

もう一つプログラムを実行してみましょう。今度は足し算を行うプログラムです。エディタに右のプログラムを記述します。

そして、同じように「実行」ボタンを押してみましょう。すると、300に120を足した計算結果420がエディタのすぐ下に表示されます。

file: src/ch1/tasizan.nako3

```
300に120を足して表示
```

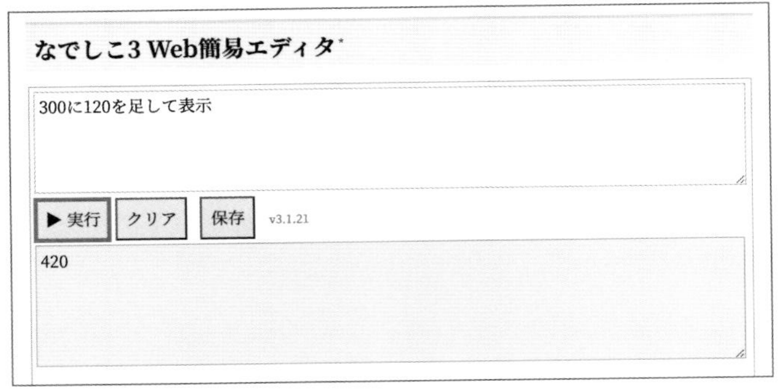

計算結果を画面に表示したところ

Hint

日本語を入力するには？

なでしこのプログラムでは日本語を入力します。コンピューターで日本語を入力するには、日本語入力のアプリケーションであるIMEで操作します。WindowsやChromebookであれば［半角/全角］キーを押すと、日本語入力のオンとオフが切り替わります。macOSであればスペースキーの右側にある［カタカナ ひらがな］キーで日本語入力がオンになり、左側にある［英数］キーで日本語入力がオフになります。

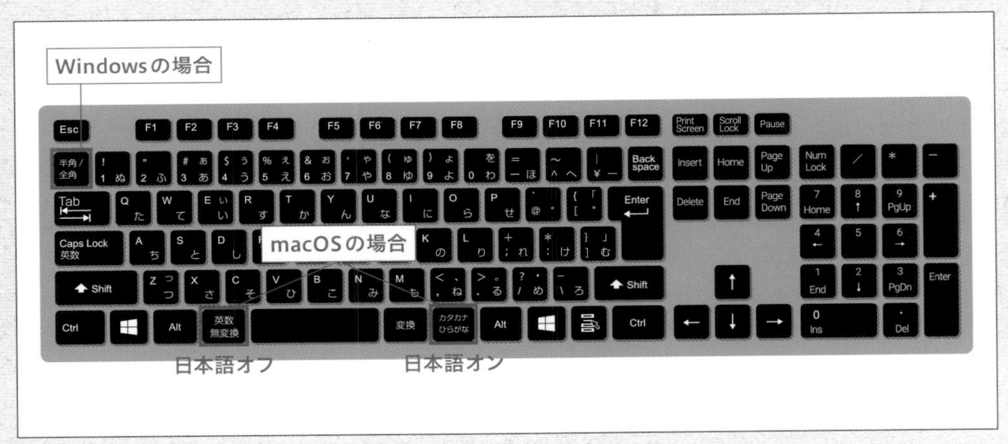

日本語入力の切り替えキー

簡易エディタの使い方

ここで「簡易エディタ」の使い方を確認してみましょう。簡易エディタという名前の通り使い方は簡単です。プログラムをエディタに記述して「実行」ボタンを押します。プログラムの結果を消したい時は「クリア」ボタンを押します。

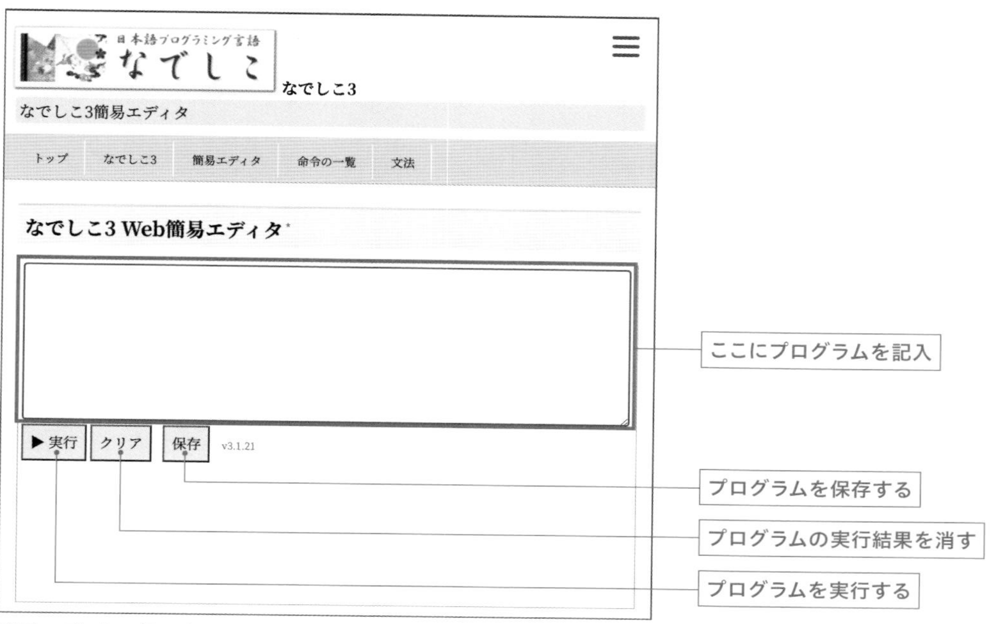

簡易エディタの使い方

Memo
プログラムを強制終了させたい場合

もしも何かしらの事情でプログラムを強制的に終了させたくなった場合は、ブラウザのリロードボタンを押すか、ブラウザの終了ボタンを押します。

格言を表示するプログラムを作ろう

次に画面に格言を出力するプログラムを作ってみましょう。以下のプログラムをエディタに記述してみましょう。

file: src/ch1/kakugen.nako3

```
「義なる者はたとえ七度倒れても必ず立ち上がる」と表示
```

Hint
カギカッコを入力する方法

なお、日本語入力に慣れていない場合、カギカッコ「...」がどこにあるのか分かりづらいかもしれません。JISキーボードでローマ字入力をする場合、以下の場所にあるキーを押します。カナ入力の場合、shift キーを押しながら以下のキーを押しましょう。

カギカッコを入力しよう

プログラムを入力したら「実行」ボタンを押してください。実行ボタンの下にプログラムの実行結果が表示されます。ここでは格言を表示するプログラムを作ったので、実行結果に格言が表示されます。

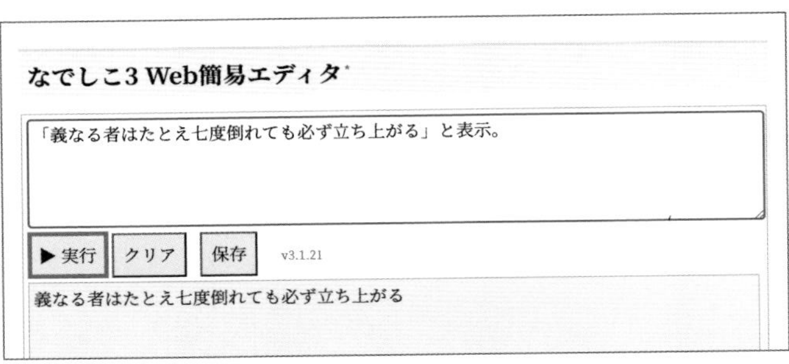

格言が出力されたところ

プログラムの説明

ここで紹介したのは画面に文字を表示するだけのプログラムです。なでしこでは、『「***」を表示』と書くと実行結果として***が表示されます。試しに自分の好きな格言に書き換えて実行してみましょう。

倒れても立ち上がろう

プログラミングは理解できると楽しいものです。しかし、中には難しいと思うこともあるかもしれません。本書では親切にプログラミングを解説するので、さすがに難しすぎて倒れることはないと思います。それでも、つまづくことがあれば、ここで紹介した格言を思い出して立ち上がってください。

また、プログラミングでは一つの疑問点にこだわりすぎてしまうのも落とし穴になります。多少分からないところがあっても「これはこういうもの」とスルーする力も大切です。いろいろなサンプルプログラムを見ているうちに自然に理解できることもあるので、こだわりすぎず前に進んでいきましょう。

まとめ

なでしこのプログラムを実行するのに特別な機器は必要ありません。パソコンかタブレット、スマートフォンがあれば実行できます。とは言え、本書で紹介するいろいろなプログラムを作るときには、キーボードがあるパソコン(Windows / macOS / Chromebook)を使うことをオススメします。そして、本節では簡易エディタを開いてプログラムを実行する方法を紹介しました。

Column

日本語入力を切り替えるもう1つの方法

p.30では、キー入力で日本語入力のオンとオフを切り替える方法を紹介しました。ここでは日本語入力を切り替えるもう1つの方法を紹介します。キー入力でうまくいかない場合はためしてみてください。

Windowsでは、Webページのテキストフィールドなど、文字が入力できる箇所にカーソルを置くと、画面右下のタスクバーに、Microsoft IMEが表示されます。「あ」や「A」と表示されている部分を右クリックするとメニューが表示されます。

macOSでは、画面右上のメニューバーに、入力メニューが表示されます。「あ」や「A」と表示されている部分をクリックするとメニューが表示されます。

一般的な日本語入力をしたい場合は「ひらがな」を選択し、半角英数字を入力する場合には「半角英数」または「英数」を選択します。

iPhoneやiPadでは、キーボードが表示されている状態で、地球儀のキーをタップして入力を切り替えます。

Chapter 1-05

カメを動かしてみよう

本格的なプログラミングの解説はChapter 2から始まります。ここでは少しずつプログラミングに慣れるように簡単なカメを操作するプログラムを作ってみましょう。カメを操作して面白い図形を描画してみましょう。

ここで学ぶこと タートルグラフィックス

どんなアプリも簡単な計算の積み重ねで作られている

プログラムを作ることで、いろいろなアプリケーション（以後、アプリと略します）を作れます。それならば、私たちが普段から利用しているような便利で楽しいアプリを作ってみたいと思うことでしょう。もちろん、最初からいきなり複雑なアプリを作るのは難しいのですが不可能なことではありません。

というのも、高度なアプリも簡単な計算や命令の積み重ねで作られているからです。例えば、手の込んだ料理を作る時のことを思い浮かべてみてください。どんな複雑な手順が必要だったとしても、実はその一つ一つの作業はそれほど難しいものではありません。正確に食材の重さを量ったり、決められた手順で調味料を混ぜたりと、いずれもできないことではありません。コツコツと一つずつ手順通り作っていけば料理は完成します。実はプログラミングも同じです。基本的なプログラミングの要素を一通り学んでしまえば、後はそれらを組み合わせれば良いのです。

もちろん料理の場合は手際よくそれらの手順を時間内にこなすことが求められますが、プログラミングにおいては、焦らずマイペースに時間をかけて取り組むことができます。ですから、筆者と共にゆっくりコツコツとプログラムを作っていきましょう。

カメを操作してみよう

それでは、プログラミングの一歩目としてカメを操作するプログラムを作ってみましょう。画面にカメを表示させて、カメをプログラミングによって操作します。カメの動いた後には線が描画されるので、これを使っていろいろな図形を描画できます。

ちなみに、カメを動かして絵を描く（線を描く）機能をタートルグラフィックスと呼びます。この機能は主にプログラミング学習のための用意されたものではあるのですが、手軽に高度な図形を描画できるので、プログラミングで複雑な図を描いたり、アナログ時計を作ったりと、いろいろなプログラムに活用できる機能です。

こうした幾何学的な図形はいずれも単純な法則でカメを動かして描画したものですが、かなり面白い模様になっていると思いませんか。簡単なカメの操作も積み重ねて行くことで複雑な模様を描画できるという好例と言えます。

ここで紹介した図形を実際にブラウザ上で実行させることができます。なでしこサイトにある「なでしこ3貯蔵庫」に投稿されています。プログラムとその結果を確認できます。

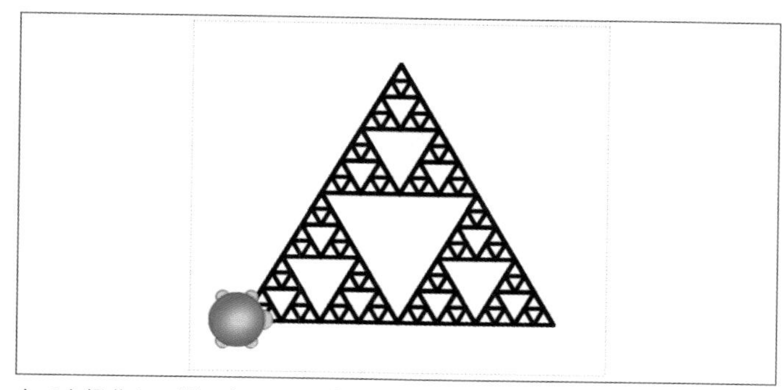

カメを操作して描いたシェルピンスキーの三角形

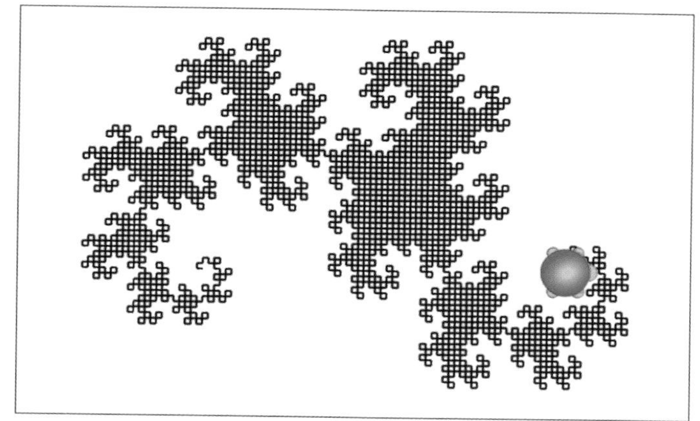

カメを操作して描いたドラゴン曲線

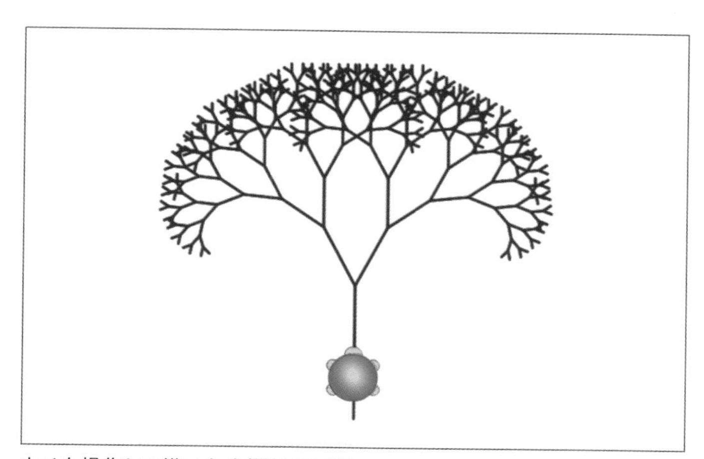

カメを操作して描いた木構造の図形

プログラムの名前	「なでしこ3 貯蔵庫」でのURL
シェルピンスキーの三角形	https://n3s.nadesi.com/id.php?354
ドラゴン曲線	https://n3s.nadesi.com/id.php?355
木構造の図形	https://n3s.nadesi.com/id.php?386

まずはカメを画面に表示しよう

それでは実際に最初の一歩を始めましょう。前節の手順に従って「なでしこ3簡易エディタ」を表示しましょう。そして右のプログラムを入力します。

file: src/ch1/kame-test.nako3 (1)

```
カメ作成。
```

Hint

「。」を入力するには

JISキーボードで句点記号「。」を入力するには、ローマ字入力の場合、右下にある る の文字を押します。カナ入力の場合、shift キーを押しながら る の文字を押します（ただし句点記号「。」を省略してもプログラムは問題なく動きます)。

句点「。」を入力するキー

プログラムを入力して「実行」ボタンを押すと、カメが表示されます。

実行ボタンを押すとカメが表示される

Hint

漢字とひらがな・カタカナは区別される

なお『カメ作成』というのは、なでしこに用意されている命令であり、この通りに書く必要があります。なでしこでは漢字とひらがな・カタカナを別のものとして区別します。そのため漢字で『亀作成』書いたり、ひらがなで『かめさくせい』と書くとエラーになります。

カメを動かしてみよう

次に表示したカメを動かしてみましょう。右のようにプログラムを入力しましょう。エディタ内で Enter キーを押すと、改行して次の行の入力となります。

file: src/ch1/kame-test.nako3 (2)

```
カメ作成。
100だけカメ進む。
```

実行ボタンを押すと、カメが上向きに100ピクセル進みます。なお「ピクセル」というのは画面の最小画素を表す単位です。

カメを作成して動かしたところ

Memo

モニターは小さな点の集まりでできている

パソコンやタブレットのモニター（スクリーン）は小さな点の集まりでできています。「ピクセル」や「ドット」と言った時、それはその点一つを指す単位です。ただし、最近のモニターは解像度を自由に変えられる仕組みがあるので、実際に1ピクセルが1画素に相当するとは限りません。ここではザックリと「カメを動かせる最小単位」と考えても良いでしょう。

「カメ右回転」で向きを変えよう

なお、このままカメを前に進めてしまうと画面を突き抜けてしまいます。そこで、次にカメの進行方向を回転させてみましょう。そのためには『カメ右回転』命令を使います。右のプログラムを入力してみましょう。

file: src/ch1/kame-test.nako3 (3)

```
カメ作成。
100だけカメ進む。
90だけカメ右回転。
100だけカメ進む。
```

実行ボタンを押すと、カメが上に100ピクセル、90度だけ右回転して。さらに100ピクセル進みます。右のように画面に表示されます。

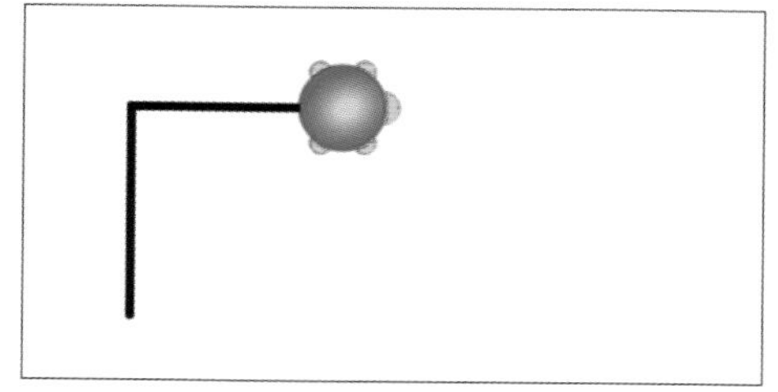

カメを右回転して動かしたところ

なお、右のプログラムのように『カメ右回転』と『カメ進む』を繰り返し組み合わせるとどうなるでしょうか。

file: src/ch1/kame-test.nako3 (4)

```
カメ作成。
100だけカメ進む。
90だけカメ右回転。
100だけカメ進む。
90だけカメ右回転。
100だけカメ進む。
90だけカメ右回転。
100だけカメ進む。
```

プログラムを簡易エディタに入力して「実行」ボタンを押してみましょう。

実行すると、カメがヒョコヒョコ動きます。まず上に100ピクセル、90度右回転して100ピクセル進み、さらに90度右回転して100ピクセル進み、もう一度90度回転して100ピクセル進みます。すると、どうでしょう！綺麗な正方形が描画されました。

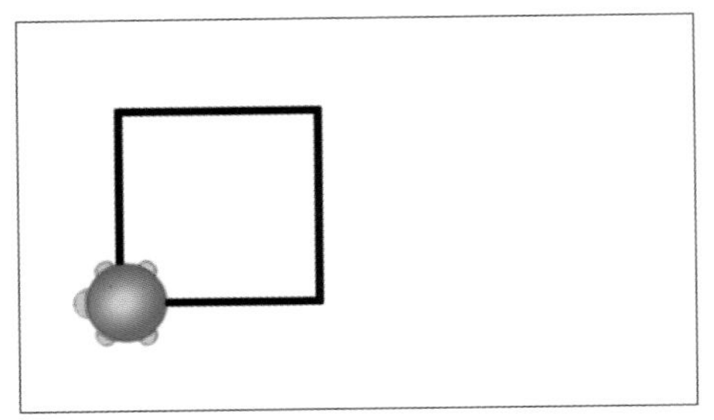

カメを右回転して動かしたところ

Memo

伝統的なタートルグラフィックスについて

このカメを操作する「タートルグラフィックス」の機能は、もともと教育用に開発されたプログラミング言語「logo」の目玉機能でした。今ではいろいろなプログラミング言語に実装されて、プログラミング学習に活用されています。カメが動くので視覚的に面白いですよね。プログラミングは実際に手を動かして楽しく学ぶことが大切です。

カメを制御する命令のまとめ

簡単にここまでに使った命令をまとめてみましょう。次の命令はカメを制御するための基本的な命令ですが、これだけでもいろいろな図形を描画できます。

命令の書式	解説
カメ作成	画面にカメを作成して操作できる状態にする
Nだけカメ進む	カメを進行方向にNピクセル進める
Nだけ右回転	カメの進行方向をN度(0から360)右回転させる

問題

「Z」を描画できるかな？

それでは、上記のカメを操作する命令を使って右のような図形「Z」を描画してみてください。

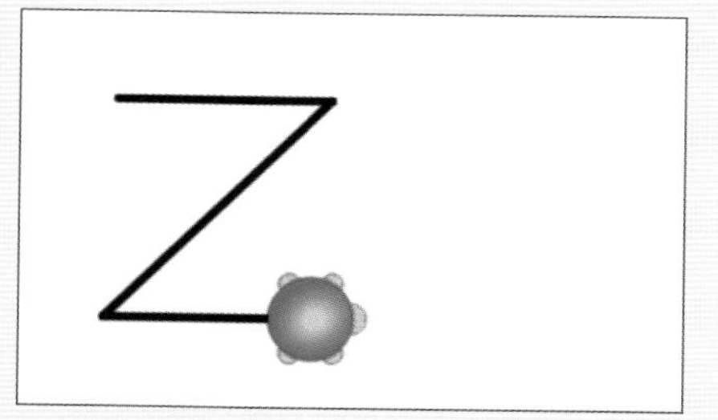
カメで図形「Z」を描いたところ

この問題は、カメの進行方向を90度ではなく任意の角度で右回転させるのがポイントです。右は答えの例です。カメをどれだけ右回転させたか、どれだけ進めたかによって数値は変わってくることでしょう。

file: src/ch1/kame-z.nako3

```
カメ作成。
90だけカメ右回転。
100だけカメ進む。
135だけカメ右回転。
150だけカメ進む。
225だけカメ右回転。
100だけカメ進む。
```

「Z」がうまく描けたら、ほかにも自分で好きな形の図形を描画してみましょう。N型や五角形、☆形、いろいろな図形に挑戦してみましょう。

まとめ

ここでは「タートルグラフィックス」を使って、プログラミングの第一歩に挑戦してみました。本節の最初で複雑な図形の描画例を紹介しましたが、複雑な図形も簡単な命令の組み合わせでできています。プログラミングは小さな命令をコツコツ組み合わせ積み上げていくことで完成します。本書で楽しくプログラミングを学んでいきましょう。

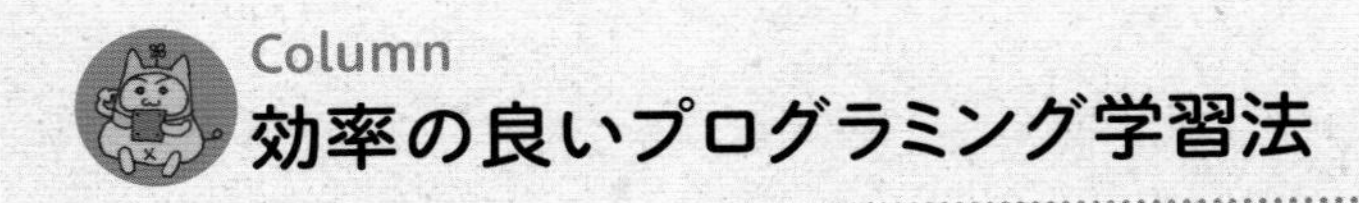

本書でプログラミングを学ぶ皆さんに最も効率の良いプログラミング学習法を2つ紹介します。1つ目の秘訣は「実際にプログラムを入力して実行してみること」です。プログラムを自分で入力すると学べることがたくさんあります。そして、2つ目の秘訣は「プログラムを自分なりに書き換えて実行する」ことです。それによりプログラミングに対する理解力が高まります。

プログラミング学習では「正しく動かない体験」も重要

もちろん本書に書かれているサンプルプログラムはすべてダウンロードまたはWeb上で確認できます。そのためプログラムをコピー＆ペーストして動かすことができます。それでも、実際にプログラムを入力することをオススメします。

なぜなら、確実にプログラムを打ち間違えるからです。打ち間違えたなら、どこをどう書き間違えたのかを探すことになります。この「正しく動かなかったという体験」が大切なのです。というのも、本書の解説を読めばだいたいプログラムの意味が分かるのですが、意外にも分かった気になっただけということも多々あります。そこで、この間違い探しの作業が役に立ちます。間違い探しをすることで、プログラムに対する理解を深められます。

自分で改良してみることで理解が深まる

サンプルプログラムが正しく動いたら、ぜひ自分なりにプログラムを書き換えてみましょう。表示するメッセージを変えたり、数値を変更したり、簡単で良いので自分なりに改良してみましょう。そして改良したプログラムを実行してみて思ったような結果になるか確かめましょう。トライ＆エラーを重ねることでプログラミング能力が飛躍的に高まります。

どうしても動かない場合

ちなみに「どうしてもプログラムが動かない」という場合もあるでしょう。そんな時は、本書のサンプルプログラムをコピー＆ペーストしてみてください。それで動くのであれば、やはり自分で入力したプログラムに問題があります。

「テキスト差分比較ツール」で検索すると、2つのテキストの異なる部分を探して指摘してくれるツールを見つけられます。Windows用のツールならWinDiffなどのツールがありますし、ブラウザ上で使えるテキスト比較ツールもあります。実際に入力したプログラムとお手本のサンプルプログラムを比較してみて、どこをどう打ち間違えたのか簡単に確認できます。

ただし、これは最終手段としてください。プログラミングの上達のためには「自分で間違いを見つける作業」が大切なんです。

Chapter 2

プログラミングの基本
計算と変数

Chapter 2では計算と変数について解説します。
コンピューターの得意分野である計算をどのように記述できるのか、
またプログラミングに欠かせない要素である変数について紹介します。

Chapter 2-01

簡単な計算をしてみよう

コンピューターは計算が得意です。人間がやると時間のかかる複雑で難しい計算もあっという間に処理してしまいます。ここでは計算をするプログラムを作ってみましょう。

ここで学ぶこと 助詞区切りの規則 / 四則演算 / 計算順序について

なでしこのプログラムの基本中の基本

さて、Chapter 1では画面にメッセージや数値を表示するプログラムを紹介しました。そのプログラムは、次のようなものでした。

```
「こんにちは」と表示。
123を表示。
```

このように、メッセージを表示する場合、カギカッコを使って『「メッセージ」と表示』と書きます。数値を表示する場合は、カギカッコを使わず『12を表示』や『1234を表示』などのように『数値を表示』と書きます。難しくありませんね。

それでも、ここで覚えておきたい点ですが、なでしこのプログラムは、日本語の意味を正確に読み取って実行しているわけではなく、一定の書式に従って記述したプログラムを機械的な規則に従って実行しているという点です。

なでしこの基本は「助詞区切り」の規則

私たちが日本語を読むとき、単語がどのように区切られているかなど、あまり気にしないと思いますが、プログラミングの時は少し意識する必要があります。

英語では単語と単語の間に空白を入れるので分かりやすいのですが、日本語は英語と違ってどこで単語と単語が切れるのかを判定するのが難しい言語です。しかし、大抵の日本語は「を」「と」「は」「の」「から」などの助詞で意味が切れています。そこで、なでしこではこの日本語の特色を活かして、助詞がある部分で文が切れていると判断しています。

つまり『「こんにちは」と表示』や『123を表示』というプログラムを入力すると、なでしこでは、次のように単語を分割して実行します。

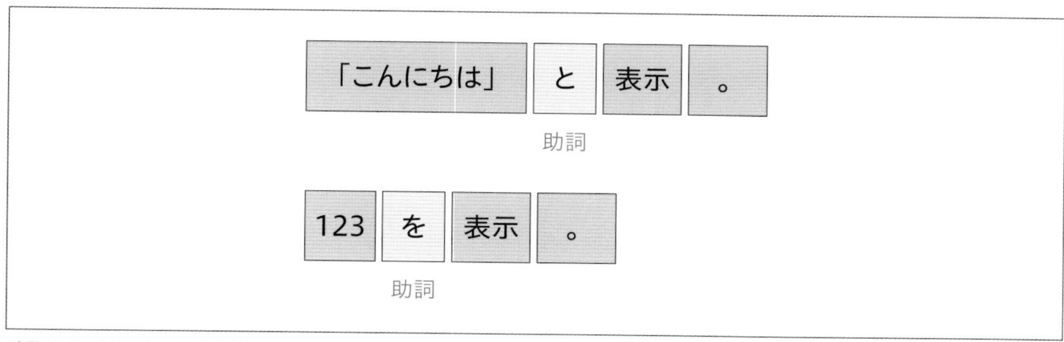

助詞のある場所で文を区切る

もちろん明示的に読点を入れて『「こんにちは」と、表示』と書くこともできますが、読点を入れなくても助詞があればそこで文が切れると判定します。

このように、見た目には普通の日本語のように見えるなでしこのプログラムも、他のプログラミング言語と同じく、特定の規則に沿ってプログラムが解釈されます。

計算が得意なコンピューターを使ってみよう

それでは、簡単に計算をして画面に出力する方法を紹介します。右のプログラムは読んでそのままですが、3つの足し算をして結果を順番に結果として出力するものです。

file: src/ch2/tasizan.nako3

```
2に3を足して表示。
100に50を足して表示。
1234567に34567を足して表示。
```

簡易エディタに上記のプログラムを入力したら「実行」ボタンを押してみましょう。すると、計算結果が表示されます。

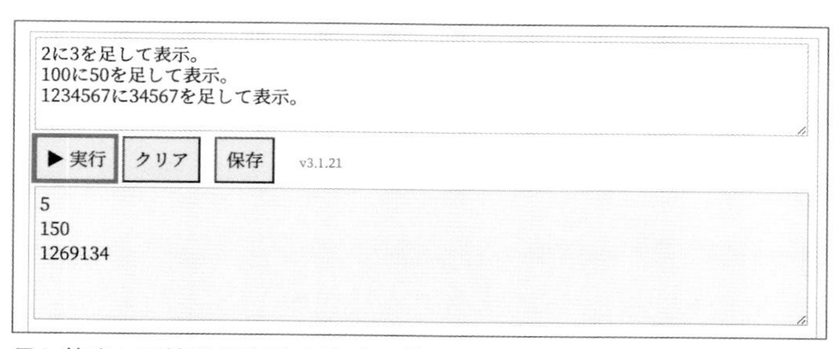

足し算をして結果を表示するプログラム

プログラムを見ると分かりますが『AとBを足して表示』と書くとAとBを加算した結果を結果として表示します。実際に数値を変えて試してみてください。大きな桁の計算もあっという間に計算して表示します。

Hint
計算するだけでは答えは見えない

なお、エディタに『3に5を足す』と書いて実行してみてください。すると、何も起きないように見えます。しかし、画面に表示されていないだけで実際には計算は行われています。つまり、『表示』命令を使って計算結果を画面に表示してはじめて計算結果が見えるのです。

四則演算子を使ってみよう

上記では日本語らしく計算を行う方法を紹介しましたが、『+』や『−』『×』『÷』などの演算子を利用して四則演算を行うこともできます。右のプログラムは四則演算を使って計算式を計算し結果を出力するものです。

file: src/ch2/keisan.nako3

```
20+30を表示。
30-10を表示。
3×5を表示。
20÷4を表示。
```

同じように簡易エディタにプログラムを入力して実行してみましょう。上から足し算、引き算、掛け算、割り算を行って結果を表示します。

なお、『×』を入力するには「かけざん」と書くと漢字変換できます。『÷』は「わりざん」と書いて漢字変換できます。

四則演算をしてみたところ

プログラムを確認してみましょう。『(計算式)を表示』(ここでは丸カッコは実際には入力しません)のように書くと四則演算の演算を行って画面に結果を表示します。

計算順序が大切なのはなぜ? ― 同じ電卓でも計算結果が異なる理由

なお、一般的な電卓を用いて計算をするときには入力した順番で計算が行われます。試しに電卓に対して「2+3×4」の計算を実行してみてください。すると2+3=5、次いで、5×4=20が表示されます。

これに対して、macOS（11.2）標準の電卓（計算機.app）で同じように「2＋3×4」の計算を実行すると「14」と表示されてしまいます。どういうことでしょうか。macOSの電卓では、一般的な計算式のように足し算と掛け算が入力された場合、**掛け算を優先して計算**するからです。そのため、もし計算がどんな順番で実行されるのか知らずに計算式を入力していたら大変なことになります。

Windowsの電卓で2+3×4を計算した場合

macOSの電卓で2＋3×4を計算した場合

プログラミングにおける計算順序は？

ですから、プログラミングにおいても、計算式を計算するとき、それが**どの順序で行われるのか**知るのは大切です。なでしこの簡易エディタで「2＋3×4」を計算するには右のプログラムを入力します。

file: src/ch2/junjo.nako3

```
2＋3×4を表示。
```

簡易エディタに入力して計算してみましょう。実行ボタンを押すと「14」が表示されます。

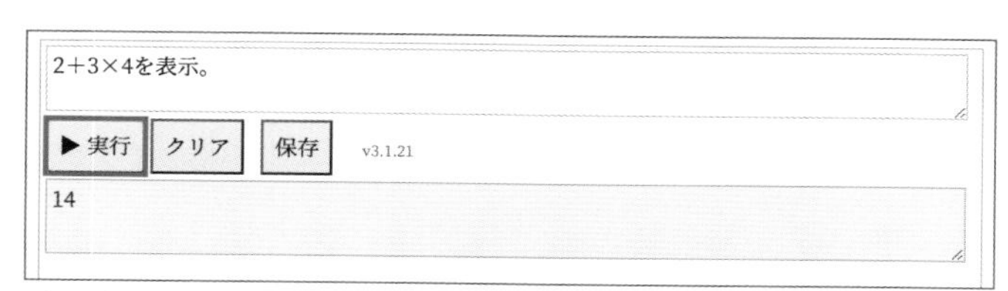

プログラミングでは掛け算が足し算よりも先に計算される

つまり、なでしこを含む一般的なプログラミング言語では、**掛け算と割り算は足し算と引き算よりも優先**して先に計算されます。言い換えるなら、計算式はその式を書いた順番ではなく、演算子の優先順位に基づいて計算を行います。

カッコを使って優先順位を明示しよう

なお、優先する式を丸カッコで囲って書くことで、掛け算や割り算よりも計算を優先させることができます。右のプログラムを入力して、計算結果と見比べてみてください。

file: src/ch2/keisan2.nako3

```
2+3 × 4 を表示。
(2+3) × 4 を表示。
```

「実行」ボタンを押して、プログラムを実行してみましょう。すると、それぞれの計算式の結果が表示されます。

丸カッコを使うと優先順位を変更できる

それぞれの計算式と答えに注目してみましょう。

1行目の計算式「2+3×4」には足し算と掛け算があります。一般的にも、足し算と掛け算があれば、掛け算を優先して計算を行って、その後で足し算を計算します。つまり、3×4を先に計算しその後で2を足します。そのため答えは「14」となります。

2行目の「(2+3)×4」も同じ足し算と掛け算の混ざった計算式です。しかし、足し算の式を丸カッコで囲っています。プログラミングでも式を丸カッコで括ることは計算の優先順位を示すことになります。つまり、カッコの中が先に計算されるため「20」が表示されます。

別の計算式も確認しよう

念のためもう2つ異なる計算式で計算式の動作を確認してみましょう。丸カッコを使うことで計算順序がどのように変わったのか確認してみましょう。

file: src/ch2/keisan3.nako3

```
(1+2) × (3+4) を表示。
100 ÷ (2+8) を表示。
```

「実行」ボタンを押して、プログラムを実行してみましょう。すると計算結果が表示されます。

複雑な計算をもう1つ

プログラムの計算式を見てみましょう。1行目の計算式は「(1+2)×(3+4)」です。丸カッコの中を先に計算すると、3×7となり実行結果として「21」を表示します。

次に2行目の「100÷(2+8)」ですが、これは足し算と割り算を含む計算式です。割り算よりも丸カッコの中が優先的に計算されるので「10」を表示します。

Hint
四則演算の計算規則

ここまでの内容を簡単にまとめてみましょう。四則演算では、足し算や引き算よりも掛け算や割り算が優先されて計算されます。ただし、丸カッコがあった場合それらの計算よりも優先されます。

なでしこに用意されている演算子について

足し算、引き算、掛け算、割り算の基本的な四則演算に加えて、なでしこには以下のような演算子が用意されています。以下に演算子の一覧を表で紹介します。

演算子	意味	利用例	結果
＋	足し算	2+3を表示	5
-	引き算	10-7を表示	3
×	掛け算	2×3を表示	6
*	掛け算(×と同じ意味)	2＊3を表示	6
÷	割り算	10÷2を表示	5
/	割り算(÷と同じ意味)	10/2を表示	5
%	割り算の余り	10%4を表示	2
&	文字列の足し算	3&5を表示	35
^	階乗(べき上)	2^3を表示	8

中には何に使うのだろうと思うものもあると思いますが、いずれもプログラミングではよく使うものです。軽く一覧表を確認しておくと良いでしょう。

ここで上記の表で注目したいのは『*』と『/』です。多くのプログラミング言語は英語をベースに作られています。英語圏の人が計算式を書くとき『×』や『÷』を入力するのは大変です。そこで『×』の代わりに『*』、『÷』の代わりに『/』を利用しています。そのため、なでしこでも『*』と『/』が使えます。

割り算とその余り

すでに、割り算を計算するには『÷』または『/』の演算子を使うことを紹介しました。しかし、一般的に「10を3で割ってください」といった場合、3.3333...と答えるか、3余り1と答えると思います。

前述の演算子の表を見ると、割り算の余りを『%』で求められることが分かります。プログラミングでは、割り算の余りを活用する場面も多いです。そこで、割り算の余りを求める方法を確認してみましょう。

file: src/ch2/warizan.nako3

```
整数変換(10÷3)を表示。 --- 1
10% 3を表示。
```

上記のプログラムを入力して「実行」ボタンを押します。すると、10を3で割った時の答えである3余り1を求めて表示します。

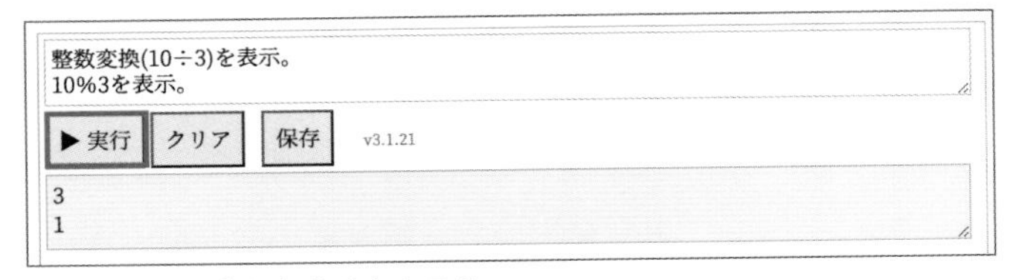

割り算とその余りを求めたところ

演算子『%』を使うと割り算の余りを求められます。また、1のように『整数変換(V)』と書くことで値Vを整数に変換します(小数点以下は切り捨て)。ここでVの部分には数値のほか計算式を指定することもできます。これは関数と呼ばれるもので後ほど詳しく紹介します。

Hint

割り算の余りを何に使うの?

例えば、同じ処理を繰り返し実行するときに、3回に1回だけ改行を出力したいとか、偶数奇数の判定をしたい場合に使います。なお、n % 2を計算して、0なら偶数、1なら奇数と判定できます。

✲ 練習問題を解いてみよう

ここまでの内容を確認するため、以下の問題を、プログラムを作って解いてみましょう。

問題

割り勘料金を計算しよう

今日はプログラミング倶楽部のメンバー10人でレストランに行きました。その際、一人一品ずつ頼みました。内訳は、950円のカレーを3つ、1200円の天ぷらソバを2つ、1100円のハンバーグ定食を5つです。そして、会計が簡単になるように「割り勘」で払うことにしました。一人いくら払えば良いでしょうか。

【ヒント】「割り勘」とは支払いをするとき参加者が全員同じ額になるような方法で代金を支払うことです。ここでは10人が出てくるので注文した料理の総額を10で割れば割り勘の額が求められます。

右のプログラムが答えです。料理の金額を足して人数の10で割ります。

file: src/ch2/warikan.nako3

```
(950 × 3 + 1200 × 2 + 1100 × 5) ÷ 10を表示。
```

簡易エディタで実行すると右のように表示されます。

```
(950×3+1200×2+1100×5)÷10を表示。
▶実行 クリア 保存 v3.1.21
1075
```

割り勘計算をしてみたところ

どうでしょうか。文章問題となると、ちょっと頭をひねる必要があったでしょうか。

まとめ

最初に、なでしこのプログラムでは「助詞区切りの規則」に沿って文が区切られている点を紹介しました。そして、プログラミングで計算は基本中の基本です。計算式の中に出てくる演算子の優先順位に応じて計算がなされるという点を覚えておきましょう。加えて、丸カッコを使うと計算の順番を変更できることも大切です。演算子の一覧表も紹介したので後から必要に応じて見直すと良いでしょう。

Column コメントについて

プログラムの中に説明を書き込むために使うのが「コメント」です。プログラムの内容を補足するためにコメントを記述します。

コメントはプログラムを分かりやすく説明するために入れているもので、プログラムの動作に影響を与えることはありません。そのため、読者の皆さんが、必ず入力しなければならないというものではありません。

なでしこには、『#』から行末をコメントと見なす一行コメントと『/*』から『*/』までをコメントと見なす範囲コメントがあります。

書式　コメントについて

```
# 行末までコメント
/* 範囲コメント */
```

入力方法について

一行コメントの『#』記号はJISキーボードでは shift キーと 3 を同時に押すと入力できます。なお範囲コメントの『/* ... */』を入力するには、半角/全角 キーを押して日本語入力をオフにして、半角英数字で入力した方が早いでしょう。

コメントの利用例

次のプログラムのようにコメントはプログラムを説明するのに使います。左下の1行目と3行目は「#」から始まっておりプログラムとしては意味を持たない行となっています。

```
# 足し算
2＋3を表示。
# 掛け算
2×3を表示。
```

```
# 足し算 ←―― コメント
2+3を表示。 ←―― プログラム

# 掛け算 ←―― コメント
2×3を表示。 ←―― プログラム
```

「#」から始まる行がコメントとなる

コメントは行の途中にも使える

なおコメントは行の最初に書かないといけないわけではなく、行の途中に使うこともできます。この場合も『#』以降のコメントはプログラムの動作に影響を与えません。

```
150×5を表示。# バナナを5つ買った
```

範囲コメントは複数行で活躍

範囲コメントを使うと複数行をコメントとして扱えます。一度にたくさんのコメントを記述したい時などに使えます。

プログラミング言語ごとに違うコメント記号

なお、プログラミング言語ごとにコメント記号は異なるものです。RubyやPerl、Python

というプログラミング言語はなでしこと同じで『#』が一行コメントの記号です。
　そして、C#、Java、JavaScriptなどの多くのプログラミング言語では、『//』が一行コメントで、『/*　...　*/』が範囲コメントです。そのため、なでしこでも、1行コメントとして実は『#』のほかに『//』が使えるようになっていますし、『/*　...　*/』を範囲コメントとして採用しています。

Column 「最新技術」と「枯れた技術」のバランス

　コンピューターやITの世界では常に最新の技術が開発されてきました。コンピューターの演算速度や記憶領域も常に進化し続け、モバイル端末が発達しAIに関する技術も発展しました。それによって生活が便利になるなどこの分野は大いに発展してきました。
　そのため、ITの世界では常に「新しいものが良いもの」という印象があります。とはいえ、必ずしも最新技術が優れているわけではありません。特に仕事で使うソフトウェアは、すでに普及した「少し古いもの」(枯れた技術と呼ばれます)が好まれる傾向があります。多くの人によって使われている技術ではすでにいくつものバグが報告され正しく動くように修正され安定しているので、信頼して使えるのです。
　こうした枯れた技術ばかりを採用していると「保守的」と批判されることもありますが、宇宙探索など失敗や不具合が許されない分野も多くあります。最近、小型衛星の打ち上げ費用はだいぶ安くなったと言われていますが、それでも6億円かかると言われています。6億円のプロジェクトがちょっとしたソフトウェアのバグで事故を起こしたりしたら目も当てられません。また、医療機器のソフトウェアはどうでしょうか。命はお金で買えません。少し前の技術であっても信頼して使える枯れた技術と、テストが不完全な最新技術、どちらを使うのかよく考えたいところです。
　とはいえ、古いソフトウェアも少し前までは最新の技術と言われていたのであり、新しい技術が生まれないことには発展もありません。うまくバランスを考えて使っていきたいものです。

Chapter 2-02

変数で計算しよう

プログラムを書いていると計算結果を一時的に記録しておきたいことがあります。そんな時に使えるのが「変数」です。変数を使うと数値やデータに名前をつけておくことができて便利です。本節では変数について解説します。

ここで学ぶこと　変数 / 数値

変数とは?

「変数」というのは、プログラムの中でデータを一時的に保存しておく箱のようなものです。変数を使えば、数値やさまざまなデータに名前をつけることができます。そのため、変数を使うと計算式を読みやすくするという効能があります。

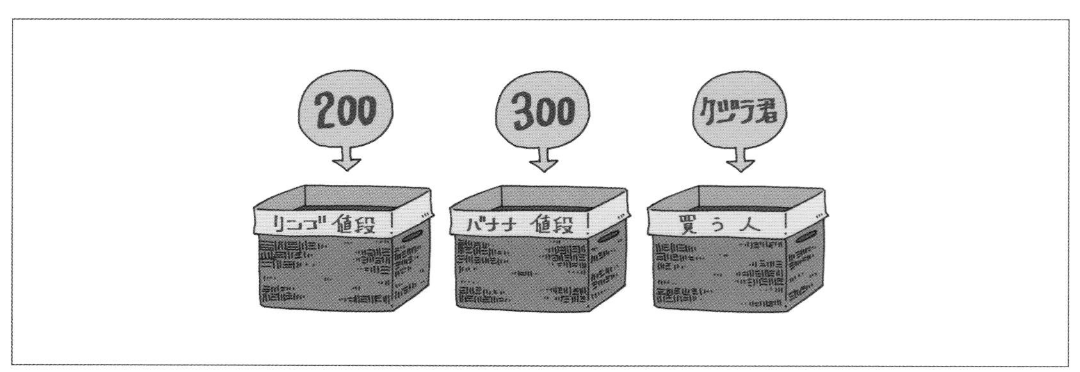

変数とはデータを一時的に保存しておく箱のようなもの

変数の使い方

変数に値を代入するには、次のような書式でプログラムを記述します。

書式 変数に値を代入する

```
変数名は値
変数名＝値
```

例えば「値段」という名前の変数に300という値を代入するプログラムは右のようになります。

✎ file: src/ch2/hensu.nako3

```
# 値を変数に代入
値段は300

# 変数の値を参照
値段を表示。
```

プログラムを実行すると右のように表示されます。

2行目で値段に300を代入し、5行目で変数「値段」の値を表示します。

300を変数「値段」に代入した

このプログラムは、右のように書き換えることもできます。「値段＝300」は「値段は300」と書いても同じ意味です。

```
#『＝』を使う方法
値段＝300
値段を表示。
```

変数で計算を分かりやすく書こう

しかし、数字を画面に表示するだけならば変数を使わずとも「300を表示」と書けば良いのです。どんな場面で変数を使うと便利でしょうか。それは、たくさん数値がプログラムに出てくる場合や計算式に意味を持たせたい場合です。

割勘計算を変数で書き換えてみよう

例えば、Chapter2-01の最後でレストランの会計を割勘計算するプログラムを作りました。作成したプログラムを再掲すると右のようなものです。

```
(950 × 3 ＋ 1200 × 2 ＋ 1100 × 5) ÷ 10を表示。
```

Chapter 2 プログラミングの基本

ですが、このプログラムを見て1200という値が何の値なのか分かるでしょうか。いいえ、分かりません。それでは変数を使って右のように書き換えてみるとどうでしょうか。

変数に値を代入したのでプログラムは長くなりましたが、天ソバが1200円であることは一目瞭然です。

file: src/ch2/hensu-warikan.nako3

```
# 変数の定義
カレーは950
天ソバは1200
ハンバーグは1100
人数は10

# 割り勘の計算
合計金額＝(カレー×3)＋(天ソバ×2)＋(ハンバーグ×5)
割勘金額＝合計金額÷人数

割勘金額を表示。
```

割り勘の計算を、変数を使って書き換えた

しかも、このように変数を使って、料理名と値段の対応が分かるようになっていれば、値段が間違っていたり、後から値段が改定されたときにも修正が簡単です。もちろん、割り勘のプログラムでは、その場限りのプログラムですが、一般的な用途で作るプログラムでは、一度作ったプログラムを後から少し手直しして使うことも多くあります。

月まで車で行けるとしたら何日かかる？

続けて、月まで車で行けるとしたら何日かかるかを、プログラムを作って解いてみましょう。地球から月までの距離は約38万4400kmです。時速80kmの自動車で休みなく走るとどのくらいかかるでしょうか。

この問題を解くプログラムを作ると右のようになります。

file: src/ch2/tuki.nako3

```
# 距離と時速を指定 --- ❶
距離＝384400
時速＝80
# 時間を求める --- ❷
時間＝距離÷時速
# 時間を24で割って日数を計算 --- ❸
日数＝時間÷24
日数を表示。
```

簡易エディタに入力して実行してみましょう。すると、右のように200日かかることが分かります。

```
距離＝384400
時速＝80
時間＝距離÷時速
日数＝時間÷24
日数を表示。
```

▶実行　クリア　保存　v3.1.21

200.20833333333334

月まで車で行くと何日かかるか計算したところ

距離を時速で割ると何時間かかるのかが求められます。プログラムの1では月までの距離と自動車の時速を変数で指定します。そして、2では距離と時速から時間を求めます。最後3では時間を24で割って日数を計算して表示します。

変数はいつまで使える？

ちなみに、変数とはコンピューターのメモリ内に一時的にデータを保存しておく箱のようなものです。ここで変数が「一時的である」というのがポイントです。プログラムが終了すると変数の内容はすべて消去されてしまいます。

もしも、プログラム終了後にも何かしらの値を覚えて起きたい時は『保存』命令（p.163参照）などを使って、データをストレージに保存する必要があります。

変数に使える名前を確認しよう

なお、なでしこで変数の名前に使えるのは、漢字・ひらがな・カタカナ・アルファベット・数字・アンダーバー・絵文字です。ただし以下のような注意点があります。

まず、変数の1文字目に数字を使うことはできません。そのため「28号」という変数名は使えません。2文字目以降なら使えるため「鉄人28号」という名前は使えます。

また、変数名でひらがなを使う場合には「は」や「の」「と」「から」などの助詞を使うことができません。前節で助詞区切りの規則について紹介しましたが、なでしこでは助詞が出現したところで機械的に文を区切ります。そのため、変数名に助詞を含むことはできません。ですから、変数名は漢字かカタカナ、あるいはアルファベットを使うのがオススメです。

そして、なでしこの文法上のキーワードは利用できません。「もし」や「回」「関数」などの語句は文法上のキーワードとしてすでに使われています。そのため変数名として使えません。なでしこの文法上のキーワードは以下の通りです。

```
回，間，繰返，反復，抜，続，戻，先，次，代入，実行速度優先，定，逐次実行，条件分岐，変数，
定数，取込，エラー監視，エラー，それ，そう，関数
```

それでは、簡単に使える変数名と使えない変数名を確認してみましょう。

変数名	OKかNGか	理由
12号クジラ	× NG	数字から始まっているためNG
クジラ12号	○ OK	2文字目以降なら数字も使える
十二号クジラ	○ OK	漢数字も漢字なので変数名として使える
完熟とまと	× NG	助詞「と」を含んでいるのでNG
完熟トマト	○ OK	漢字カタカナであればOK
リンゴの値段	× NG	助詞「の」を含んでいるのでNG
リンゴ値段	○ OK	助詞を含んでいなければOK
関数	× NG	文法上のキーワードは利用不可

繰り返しになりますが、変数名で迷った時には、カタカナか漢字、アルファベットにしておくと間違いがありません。

✲ 練習問題を解いてみよう

それでは、練習問題です。以下の問題を、プログラムを作って解いてみてください。

問題

おもちゃ屋での支払い

あるおもちゃ屋に買い物に行きました。550円のミニカーを3つ、1200円のカードゲームを4つ、8900円のラジコンを1つ買いました。その日、3割引券を持っていたので安く買えました。最終的にいくら払えば良いでしょうか。なおここでは税金は考えないことにします。

【ヒント】商品を足していくのは前節の問題と同じです。最後に3割引するのがポイントでしょう。3割引きにするためには、1から0.3を引いた0.7を掛ければ良いでしょう。

問題を解くプログラムは、右の通りです。

✎ file: src/ch2/kaimono.nako3

```
# 変数の宣言 --- 1
ミニカーは550
カードゲームは1200
ラジコンは8900
割引率は0.3

# 支払金額を計算 --- 2
合計金額＝（ミニカー×3）＋（カードゲーム×4）＋（ラジコン×1）
支払金額＝合計金額×(1 - 割引率)
支払金額を表示。
```

プログラムを実行してみると、10745と支払金額が表示されます。

```
# 変数の宣言
ミニカーは550
カードゲームは1200
ラジコンは8900
割引率は0.3

# 支払金額を計算
合計金額＝（ミニカー×3）＋（カードゲーム×4）＋（ラジコン×1）
支払金額＝合計金額×(1 - 割引率)
```

▶ 実行　クリア　保存　v3.1.21

10745

買い物計算のプログラムを実行したところ

プログラムを確認してみましょう。1の部分では商品や割引率といった**変数の宣言**をまとめて行います。このようにまとめて宣言しておけば、後から修正するのも容易です。

そして、2では最初に商品の**合計金額を計算**します。そして、合計金額を元に支払い金額を計算して結果を画面に表示します。

まとめ

以上、本節では変数について紹介しました。変数を使うとプログラムで扱う数値や計算に意味を持たせることができます。また、ここで見たように、変数を使えば計算結果を別の計算に活用することもできます。それにより何の計算をしているのかもよく分かります。

Chapter 2-03

文字列でメッセージを親切にしよう

「文字列」とはプログラムで扱う文字情報のことを指しています。画面にメッセージを表示するとき、カギカッコでメッセージ部分を括りましたがそれが文字列データです。ここでは文字列をプログラムで扱う方法を紹介します。

ここで学ぶこと 文字列 / 文字列の足し算 / 変数の埋め込み

文字列を記述しよう

プログラミングにおいて、文字の連なったデータを「**文字列**」と呼びます。10とか123などの数値を**数値型**データと呼ぶのに対して、「焼肉」や「BBQ」「ハンバーグ」など文字で表すデータを**文字列型**と呼びます。

そして、なでしこでは、カギカッコで括った部分を文字列データとして扱います。以下のように書いたプログラムのうち、「こんにちは」の部分が文字列です。

```
「こんにちは」と表示。
```

他には、**二重カギカッコ『...』**を使って文字列を表現することもできます。

```
『こんにちは』と表示。
```

変数を文字列に埋め込んで表示しよう

前節では主に変数に数値を代入する方法を紹介しました。しかし変数には数値以外のデータも代入できます。例えば**文字列を変数に代入**できます。変数に文字列を代入して、いろいろなメッセージを代入することもできます。

右のプログラムを実行すると、変数「メッセージ」に「3割引です！」という嬉しいメッセージを代入して、その後メッセージを表示します。

✎ **file: src/ch2/msg.nako3**

```
メッセージは「3割引です！」
メッセージを表示。
```

プログラムを実行すると右のように表示されます。

メッセージは「3割引です！」
メッセージを表示。
▶実行　クリア　保存　v3.1.21
3割引です！

変数にメッセージを代入し表示したところ

また、表示メッセージの中に変数を埋め込んで表示できると便利です。表示結果を親切なものにできるからです。メッセージの中に支払金額を埋め込んで表示するプログラムを作ってみましょう。

✎ **file: src/ch2/msg2.nako3**

```
支払金額＝7000
メッセージは「支払金額は{支払金額}円です。」
メッセージを表示。
```

プログラムを実行すると、メッセージの中に変数「支払金額」の値を埋め込んで、以下のように表示されます。

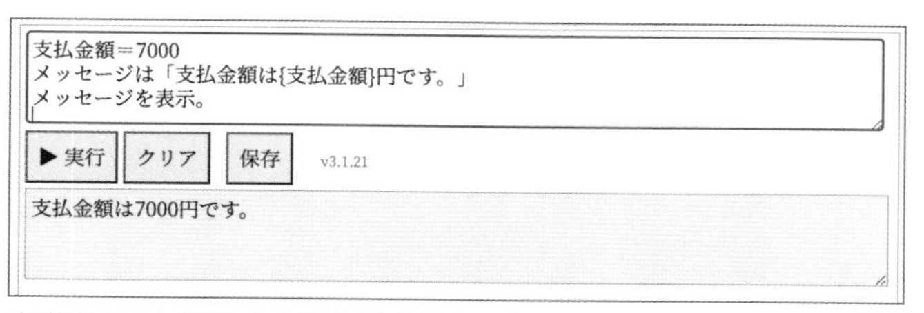

文字列の中に変数の内容を埋め込んで表示したところ

文字列に変数を埋め込むには上記のように『`... {変数名} ...`』と指定します。

✻ 文字列の連結 - 文字列の足し算

ちなみに、演算子『&』を使うと文字列同士を足し算できます。右は「いろはに」と「ほへと」を足して表示するプログラムです。

✎ **file: src/ch2/renketu.nako3**

```
S=「いろはに」&「ほへと」
Sを表示。
```

簡易エディタに入力したら「実行」ボタンを押してみましょう。

```
S=「いろはに」&「ほへと」
Sを表示。
```

▶実行　クリア　保存　v3.1.21

いろはにほへと

「いろはに」と「ほへと」を連結したところ

この文字列の足し算を使って、変数の内容を説明するメッセージも作成できます。

✏ file: src/ch2/msg3.nako3

```
支払金額＝3000
Sは「💰支払金額は」＆支払金額＆「円です」
Sを表示。
```

プログラムを実行してみましょう。文字列と変数を組み合わせることで、メッセージを組み立てて表示します。

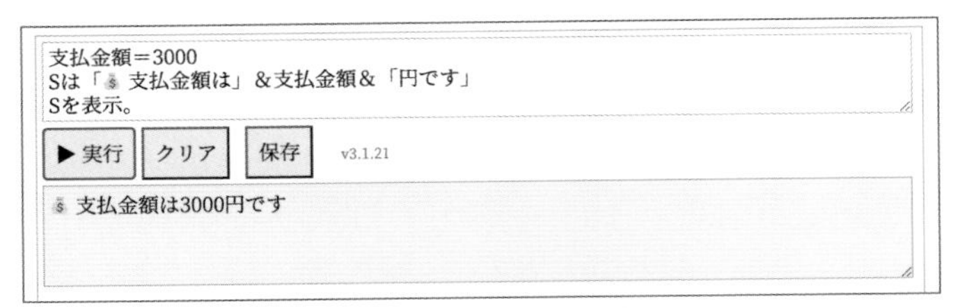

文字列の足し算を使ってメッセージを組み立てたところ

一般的にメッセージを用意するとき、p.59で紹介した変数の埋め込みを利用した方が分かりやすいプログラムになります。それでも、上記のように文字列の足し算『&』演算子を利用してメッセージを組み立てることもできます。

プログラムの面白いところですが、目的を達成する方法は一つではないということです。同じ結果を出力するプログラムでも、いくつかの方法があります。

文字列を改行する方法

ところで、長い文章を表示する際、文字列を途中で改行したい場面もあります。その場合、変数の埋め込みを使って、『... {改行} ...』のように記述できます。比較的長い格言を画面に表示してみましょう。

✏ file: src/ch2/kakugen_kaigyo.nako3

```
L1＝「塔を建てようと思う場合まず座って費用を計算して{改行}」
L2＝「完成させるだけのものを持っているかどうか{改行}」
L3＝「確かめるのではないでしょうか。」
L1 & L2 & L3を表示。
```

プログラムを実行してみると、右のように文章が改行されて表示されます。

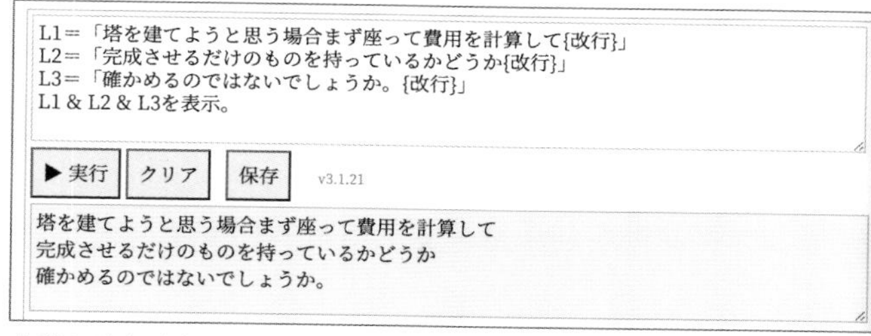

文章に改行を埋め込んで表示したところ

とはいえ、文字列の中に改行を含めることもできるので、右のように書いても同じように長いメッセージを表示できます。

file: src/ch2/kakugen_kaigyo2.nako3

```
「塔を建てようと思う場合まず座って費用を計算して
完成させるだけのものを持っているかどうか
確かめるのではないでしょうか。」を表示。
```


文字列記号の違いについて

なお、文字列を記述するのに、普通のカギカッコ「…」を使う方法と、二重カギカッコ『…』を使う方法といくつもあるのはなぜでしょうか。実は、普通のカギカッコ「…」には変数を埋め込むことができますが、二重カギカッコ『…』では変数の埋め込みが使えません。実際のプログラムで確かめてみましょう。

file: src/ch2/mojiretu_tigai.nako3

```
値段は300
「値段は{値段}円」と表示。
『値段は{値段}円』と表示。
```

プログラムを実行すると右のように表示されます。

文字列記号による動作の違いを確かめよう

このように、「…」の文字列では{変数}と書いた変数の値が文字列に展開されるのに対して、『…』の文字列では変数が展開されずそのまま表示されます。同じ文字列を記述するための記号ですが動作が異なります。

いろいろある文字列記号

なお、なでしこでは、文字列を表現するのに、右のようにいろいろな文字列記号を利用できます。

✎ file: src/ch2/hello.nako3

```
「こんにちは」と表示。
『こんにちは』と表示。
"こんにちは"と表示。
'こんにちは'と表示。
```

上記のプログラムを実行してみましょう。文字列記号が違ったとしても、表示したい内容が同じならば、やはり同じように表示されます。

文字列記号が違っても内容が同じなら同じように表示される

これは右のような規則になっています。

なお、「展開」とは文字列の中に変数があった場合に**変数に入っている値が文字列に埋め込まれること**です。

文字列記号	展開があるか
「文字列」	変数の展開あり
『文字列』	変数の展開なし
"文字列"	変数の展開あり
'文字列'	変数の展開なし

記号がいろいろあると迷ってしまうでしょうか。その場合は、**カギカッコ「…」を使えば文字列を表現できる**とだけ覚えておきましょう。

✱ 練習問題 - ネコの飼育費用は？

最後に、練習として次の問題をプログラムで解いてみましょう。

問題

ネコを飼うのにいくらかかる？

ネコを一匹一年間飼うのにかかる費用を計算したいです。あるネコは毎月エサ代に4100円かかります。またトイレ砂を半年に一度6000円で買います。そして月2500円の保険に入り、年間健康診断に12000円かかります。一年でいくらかかるでしょうか。

【ヒント】問題をよく見ると、「年間」の費用と「毎月」の費用、「半年」の費用と基本単位がバラバラです。そこで、各費用の単位が合うように毎月のものは12倍に、半年のものは2倍になるように調整すると良いでしょう。

右が年間にかかる費用を計算するプログラムです。

file: src/ch2/neko_hiyou.nako3

```
# ネコの年間費用を指定 --- ❶
エサ代＝4100 × 12
トイレ砂＝6000 × 2
保険＝2500 × 12
健康診断＝12000 × 1

# 費用を合計 --- ❷
費用合計＝エサ代＋トイレ砂＋保険＋健康診断

# 結果を表示 --- ❸
「毎年{費用合計}円必要です。」を表示。
```

簡易エディタにプログラムを入力して実行してみましょう。年間にかかる費用を計算して表示します。

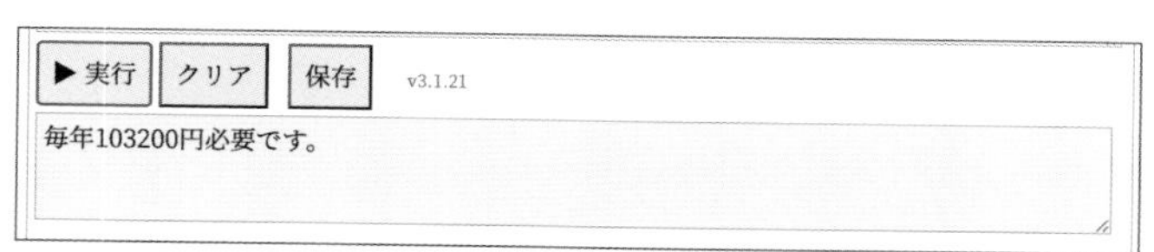

ネコの費用

こうして変数を使ってプログラムを作ると、どのように費用を計算したのか一目瞭然ですね。数字を並べるだけでも答えは出ますが、うっかりミスの書き間違いも増えることでしょう。

細かくプログラムを見ていきましょう。❶の部分ではネコの飼育にかかる各費用を1つずつ指定します。各費用の単位が合うように毎月のものは12ヶ月分に半年のものは2回になるように調整します。そして、❷では各費用を足し算で合計して変数「費用合計」に代入します。最後に❸では費用合計を文字列に埋め込んで説明メッセージと共に表示します。

なお、ある調査※1によればネコにかかる年間費用の平均は16万円だそうです。上記項目に加えて、サプリメントや光熱費など細かな費用がかかるようです。

まとめ

プログラミングで文字列は重要な要素です。文字列を変数に代入することもできますし、文字列同士を足し合わせたり、変数を文字列の中に埋め込むこともできます。ここで学んだことを利用すれば親切なメッセージを表示するプログラムを作成できるでしょう。

※1 ペットにかける年間支出調査2020 - 犬で34万円、猫では16万円。--- https://prtimes.jp/main/html/rd/p/000000049.000028421.html

Chapter 2-04

関数を使ってみよう

プログラミングにおける関数は計算結果を返すだけでなく画面を描画するなど多くの機能を提供します。なでしこには最初からいろいろな関数が用意されており、関数を使うことで、自分のプログラムに機能を追加できます。

ここで学ぶこと 関数 / 引数 / 戻り値 / 組み込み関数 / 乱数

関数を使ってみよう

ここでは関数を使ってみましょう。また、関数の仕組みについても考察してみましょう。実は、皆さんは既にここまでの部分で関数を使っています。画面に数値や文字列を表示する『表示』も関数の1つです。また、値同士を加算する『足す』も関数です。

引数について

関数を呼び出す時には「引数」と呼ばれるパラメーターを与えます。関数に与える引数を変更すると関数の動作が変わります。例えば『表示』関数であれば、右の図のように『30を表示』と書いた場合、30が引数です。それで、引数を50に変えれば、表示される内容も50に変わります。引数に指定する内容に応じて表示される内容が変わります。

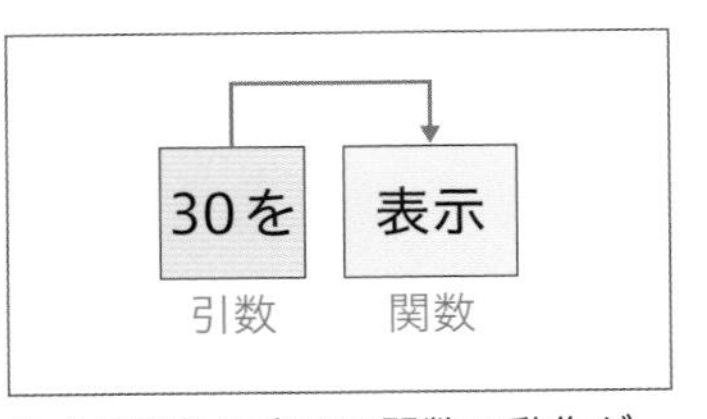

与える引数に応じて関数の動作が変わる

戻り値について

なお、多くの関数では関数を実行した結果を戻します。この関数の実行した結果を「戻り値」と呼びます。例えば『2と3を足す』と書いた場合、関数の戻り値として5が返されます。

ただし、関数の戻り値は目に見えません。そのため、関数の戻り値を目に見える状態にするためには『表示』関数を記述します。例えば、足し算の結果を画面に表示するプログラムは右のように書きます。

書式 足し算をして表示する

```
AとBを足して表示。
```

ここで改めて、引数と戻り値の関係を図にしてみましょう。

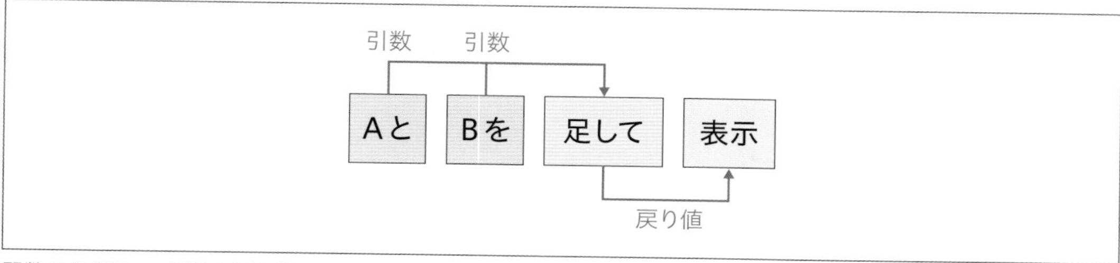

関数の仕組み ― 引数と戻り値について

関数の戻り値を変数に代入しよう

なお一般的に関数の戻り値は画面に表示するだけでなく、変数に代入して使うこともあります。次に、関数『足す』の戻り値を変数に代入してみましょう。この場合、以下のような書式で使います。

書式 **足し算をして代入する**

```
AとBを足して変数に代入。
```

このプログラムは、次のような構造のプログラムになっています。

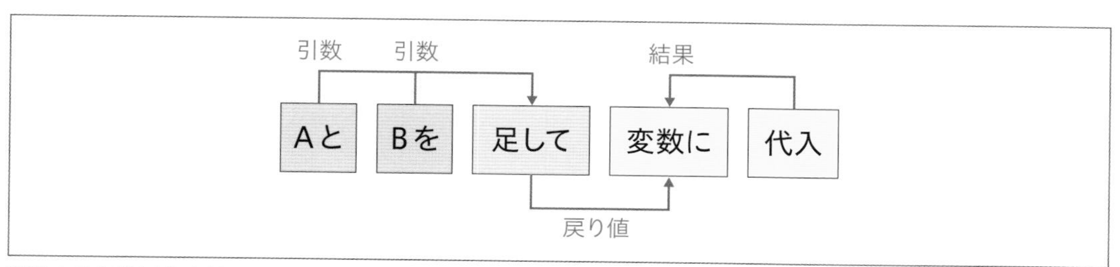

関数の実行結果を変数に代入する場合

例えば、3と5を足した結果を変数『結果』に代入して、それを画面に表示するには、以下のように記述します。

```
3に5を足して結果に代入。
結果を表示。
```

プログラムを実行してみましょう。

```
8
```

関数の戻り値をどうするかはプログラマーが決められる

ここまで紹介した通り、関数を実行した戻り値を画面に表示するのか、それとも変数に代入するのかを選ぶことができます。そうです、戻り値をどうするのかプログラマーが決められるのです。

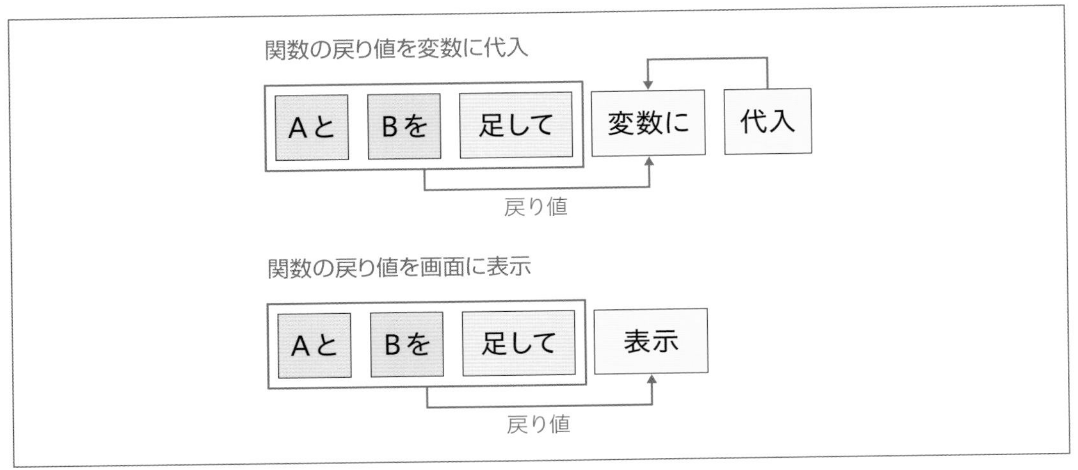

関数の戻りをどうするのかはプログラマー次第

関数呼び出しには英語方式と日本語方式がある

ところで、関数の戻り値を変数に代入するのには、英語方式と日本語方式の2種類があります。英語方式と日本語方式の違いに、どのような違いがあるのか見てみましょう。

例えば、英語で本を読むことを「read the book」と言います。文法的に考えると「動詞+補語」の順番です。しかし、日本語では「本を読む」となり「補語+動詞」の順番です。このように、英語と日本語では語順が異なります。

それで、なでしこでは、英語式と日本語式と両方で記述できるようになっています。とは言え、双方を区別するために、英語式では関数名の後ろに丸カッコを記述して引数を記述するようにします。

書式　関数を英語方式で呼び出す方法

```
変数 = 関数名(引数1, 引数2, ...)
```

そして、改めて日本語方式を書式で確認すると以下のようになります。

書式　関数を日本語方式で呼び出す

```
引数1+助詞, 引数2+助詞, ... 関数名して、変数に代入。
```

日本語方式では引数に必ず助詞をつける必要がありますが、英語方式では助詞を省略して記述できます。

上記の2つのどちらの書式で書いたら良いでしょうか。どちらで書いても大丈夫です。もちろん、なでしこのプログラムでは、日本語方式で書く方が読みやすくなることが多いでしょう。

英語方式が推奨される場合

なでしこの関数の中には、値を整数に変換するINT関数や、数値の絶対値を調べるABS関数など、英語方式で呼び出すことを前提にしている関数もあります。

```
A=INT(3.14)
Aを表示。# --- 表示結果→ 3

B=ABS(-100)
Bを表示。# --- 表示結果→ 100
```

乱数でサイコロを作ってみよう

なでしこの組み込み関数の中に『乱数』があります。これは『Nの乱数』の書式で使います。すると0から(N-1)までの間のランダムな値を返します。この「乱数」はゲームなどを作るのに役立ちます。サイコロのような機能を実現するからです。

実際にプログラムを作って確認してみましょう。簡易エディタを起動して、以下のプログラムを記述します。

file: src/ch2/ransu.nako3

```
サイコロ=(6の乱数)+1
サイコロを表示。
```

実行ボタンを押すと1から6までの範囲のランダムに数字が1つ表示されます。何度か実行ボタンを押してみてください。その度に、毎回異なる値が表示されます。

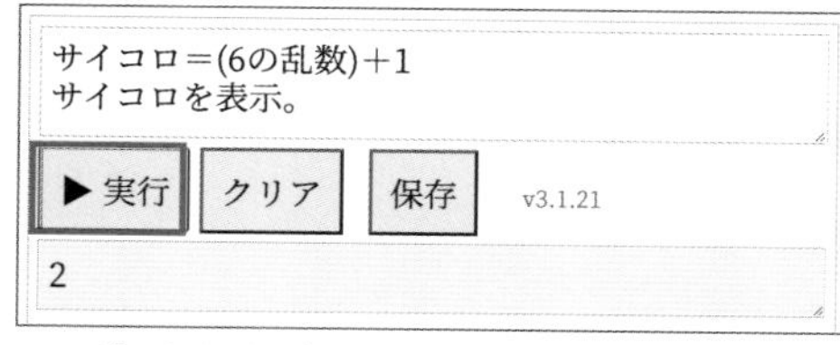

ランダムな数字が表示される

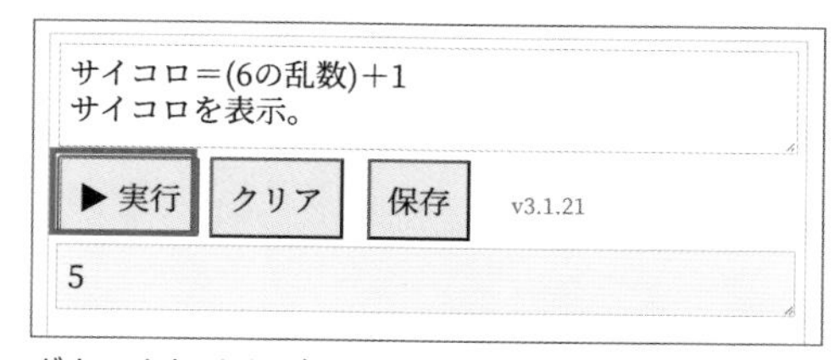

ボタンを押すたびに異なる値が表示される

なお、プログラムの1行目で「(6の乱数)+1」と書いていますが、なぜ「+1」するのかと言うと「6の乱数」と書いた場合、0から5までの乱数を返すからです。つまり「+1」することで、サイコロの目と同じく1から6までの乱数を返すようになります。

関数「乱数」をいろいろな方法で呼び出してみよう

なでしこではいくつかの方法で関数を呼び出すことができるので「乱数」を題材に関数の使い方の復習をしてみましょう。以下のどの方法で書いても同じ意味になります。

```
6の乱数に1を足してサイコロに代入。 # ---1
サイコロ＝乱数(6) + 1 # --- 2
サイコロ＝(6の乱数) + 1 # --- 3
```

1は日本語方式で関数『乱数』を呼び出します。そして、2では英語方式で乱数を呼び出します。そして、3では計算式の中で、日本語方式で乱数を呼び出しています。

ここで注意点ですが、3の代入式の補足ですが、計算式の中で、日本語方式で関数を呼び出す場合、関数の呼び出しを丸カッコで括る必要があります。そうしないと、引数なのか計算式なのかをうまく判別できないため構文解析エラーがでます。

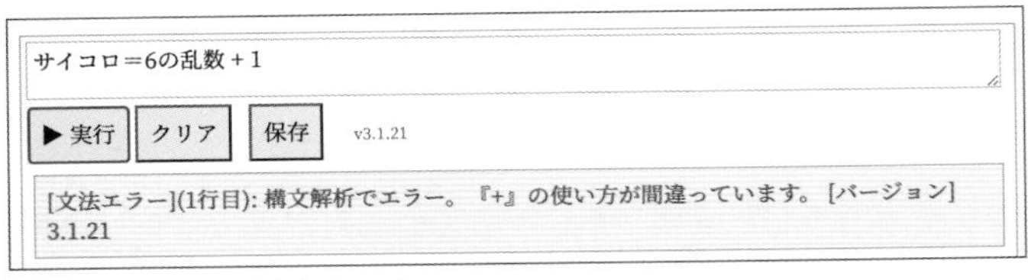

構文解析エラーが出たところ

計算式の中で関数を呼び出す場合、英語方式を使うか、丸カッコで関数を括るということを覚えておきましょう。

Hint 身近なツールを自作できるのがプログラミングの醍醐味

p.67ではたった2行のプログラムを書いただけで、サイコロを作ることができました。これで、もしサイコロを使ったゲームを遊びたいと思った時、身近にサイコロが見当たらなくても大丈夫ですね。なでしこの動く端末があれば、すぐにサイコロを作ることができます。

同じように、身近なツールを自作できるのがプログラミングの醍醐味です。今では多くのツールがアプリとして公開されているものの、なかなか「これ」というものが見つからない時もあります。苦労していろいろなアプリを探し回らなくても、自分で作った方が早い場合もあります。また自作ツールであれば、自分なりに改良できるので、より用途にあった使い勝手が良いものにできます。

関数の実行結果は「それ」に代入される

なお、なでしこで関数の実行結果は特殊変数「それ」に代入されます。例えば『足す』関数を使ってみましょう。

```
100に50を足す。
それを表示。
```

上記のプログラムを実行すると、右のように「150」と表示されます。つまり、関数を実行すると変数「それ」に関数の実行結果が代入されることが分かります。変数に名前を付けるのが面倒なときなど、「それ」を使うと便利です。

関数の結果は変数「それ」に代入される

関数の引数を省略すると「それ」が補完される

なお、変数「それ」と同時に覚えておきたいのが、関数の第一引数(1つ目の引数)を省略したときの仕組みです。

まず、先ほど作成したサイコロのプログラムを、変数「それ」を使うように書き換えてみます。右のように書くことができます。

```
6の乱数。
それに1を足す。
それを表示。
```

そして、関数を呼び出すときに、第一引数を省略すると、変数「それ」の内容が自動的に補完される仕組みになっています。そのため、右のように、プログラムの2行目で『足す』と3行目の『表示』で、第一引数を省略して書いても同じ意味になります。

```
6の乱数。
1を足す。
表示。
```

そして、上記3つの文を1つにまとめて右のように書くこともできます。

```
6の乱数に1を足して表示。
```

このように一文にまとめることで、プログラムを簡潔に記述できます。

なでしこで使える関数の一覧が見たい

なお、なでしこで使える関数の一覧が、なでしこのマニュアルにまとまっています。たくさん命令が用意されています。これらをうまく組み合わせることで、プログラムを素早く作ることができます。

なでしこ3マニュアル
[URL] https://nadesi.com/v3/doc/

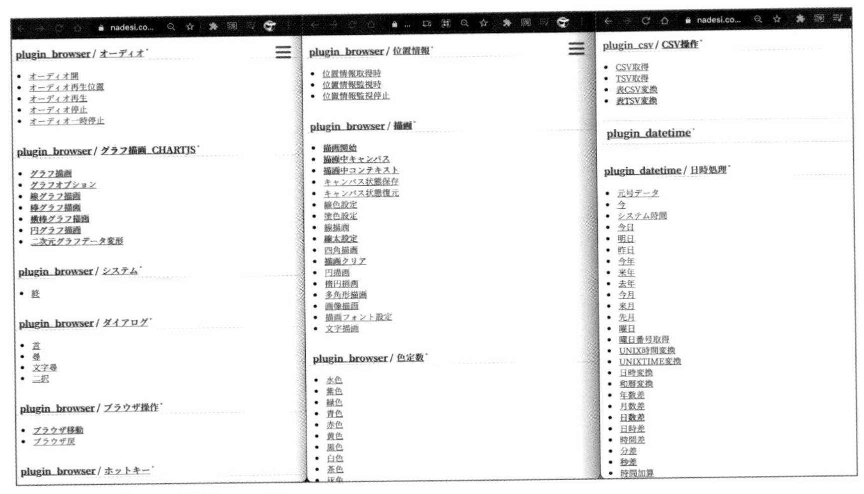

なでしこで使える関数の一覧

Memo 自分で関数を作ることもできる

自分で独自の関数を作ることもできます。自分で関数を作る方法はChapter 3（p.106）で紹介します。それで、最初からなでしこに用意されている関数を「組み込み関数」と呼び、自分で定義した関数を「ユーザー定義関数」と呼びます。

まとめ

ここでは関数の使い方について学びました。関数に引数を与えると結果が戻り値として得られます。関数の使い方が分かるということは、なでしこのさまざまな機能を使えるということです。なでしこに用意されている命令を使えば、いろいろなプログラムが作れます。

Chapter 2-05

対話するプログラムを作ってみよう

ここまで紹介したプログラムは記述した計算式を表示するだけでした。数値などを変えるにはプログラムを書き換える必要がありました。『尋ねる』関数を使うとユーザーと対話するプログラムが作れるので試してみましょう。

ここで学ぶこと 『尋ねる』関数

一方通行のプログラムから脱却しよう

ここまで紹介したプログラムはいずれも、プログラムに書いた計算式を計算してその結果を出力するものでした。そのため、プログラムの中の数値を変更したい場合には、プログラムを変更する必要がありました。

もちろん、自分で作ったプログラムを自分で使うだけなら、それでも問題ないでしょう。しかし、せっかく作ったプログラムを配布して、誰かに使ってもらいたい場合、それでは不便です。状況に応じてユーザーに質問して、それに応じたプログラムを作ると、これまでの一方通行のプログラムから脱却できます。

ユーザーに質問する『尋ねる』関数を使おう

プログラムを使っているユーザーに何かを質問するには『尋ねる』関数を使います。

書式 『尋ねる』の使い方

「質問メッセージ」を尋ねて(変数名)に代入。

名前を尋ねて挨拶しよう

それではさっそく『尋ねる』関数を使ってみましょう。以下は、ユーザーに名前を尋ね、入力した名前を用いて挨拶するプログラムです。

file: src/ch2/tazuneru.nako3

```
「お名前は？」と尋ねて名前に代入。
「こんにちは、{名前}さん！」と言う。
```

簡易エディタにプログラムを入力して実行してみましょう。

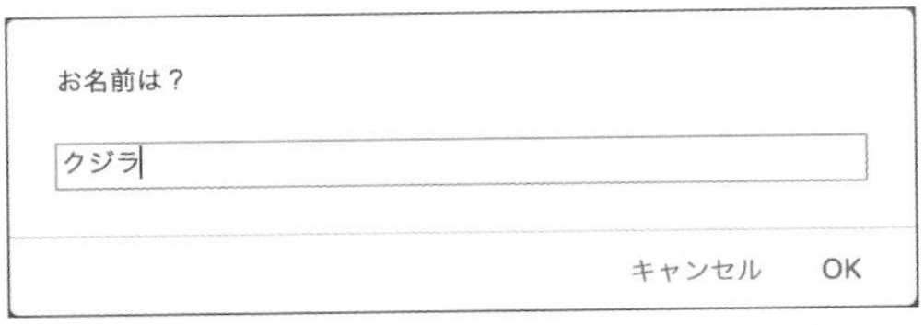

お名前は？
クジラ
キャンセル　OK

『尋ねる』を使うとダイアログが出てユーザーが入力できる

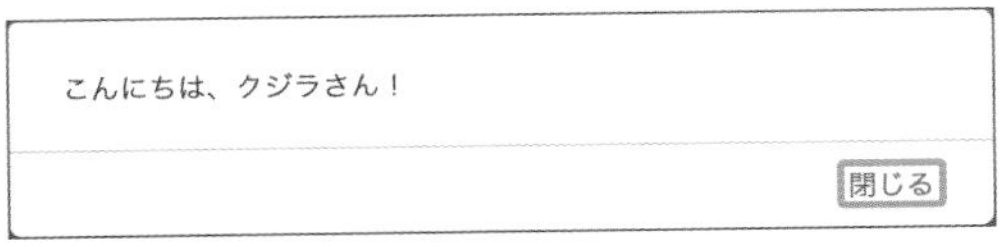

こんにちは、クジラさん！
閉じる

『言う』を使うとダイアログに結果が表示される

このプログラムでは『尋ねる』と『言う』という新しい関数を使ってみました。『尋ねる』を使うと、ダイアログを出してユーザーに入力を求めることができます。そして、『言う』命令を使うとダイアログを出して任意のメッセージを表示します。

物語の主人公の名前を変えてみよう

上記のプログラムとほとんど同じですが、今度はもう少し長文を用意して、その長文に名前を埋め込んでみましょう。なお、以下のプログラムを入力する際、「📌」は「がびょう」、「😀」は「えがお」、「👸」は「かお」あるいは「えもじ」から変換できるでしょう。

file: src/ch2/story.nako3

```
# 名前を尋ねる --- 1
「主人公の名前は？」と尋ねて主人公に代入。
# 物語に名前を埋め込んで表示 --- 2
「📌これは平凡な役人だった{主人公}😀の物語。
・ある日、{主人公}😀は旅に出てプログラミングを習得した。
・旅を終えて宮廷に戻ると王女様👸から求婚された。
・{主人公}は幸せな生活を送った。」と表示。
```

プログラムを簡易エディタに書き込んで実行してみましょう。名前を入力すると物語に入力した名前が反映されます。

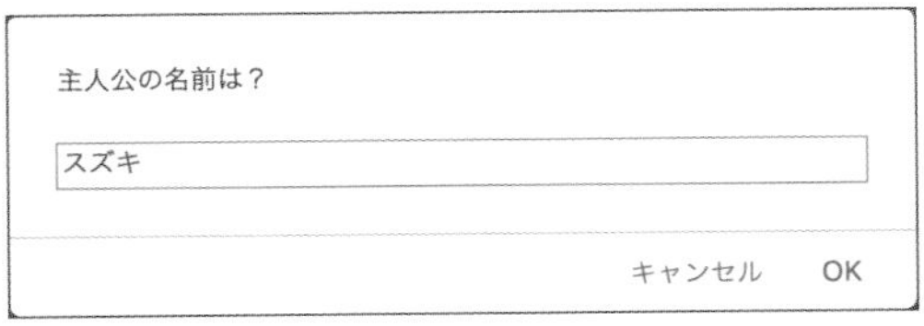

主人公の名前は？
スズキ
キャンセル　OK

名前を入力しよう

プログラムを実行すると次のように表示されます。

```
📌これは平凡な役人だった、スズキ😃の物語。
・ある日、スズキ😃は旅に出てプログラミングを習得した。
・旅を終えて宮廷に戻ると王女様👸から求婚された。
・スズキは幸せな生活を送った。
```

プログラムの1の部分で主人公の名前を尋ね、2の部分で物語に主人公の名前を埋め込んで表示しました。どうでしょうか。プログラム的には先ほどとあまり変わりませんが、物語を作ることでとても面白いものになりました。皆さんは、ぜひ自分で作った物語に変えてみてください。

Hint
絵文字を入力する方法について

なお、使っている日本語入力アプリによっては、使える絵文字が多くない場合もあるかもしれません。その場合には、絵文字一覧を載せているWebサイトからコピーして使うこともできるでしょう。なお、本書で使っている絵文字は、サポートサイトに一覧を掲載しています。

Let's EMOJI > 絵文字一覧
[URL] https://lets-emoji.com/emojilist/

文字列の中でカギカッコを使いたいときは？

ところで、上記のプログラムで物語の中に会話文を書こうとするとうまくいきません。次のようにエラーがでてしまいます。

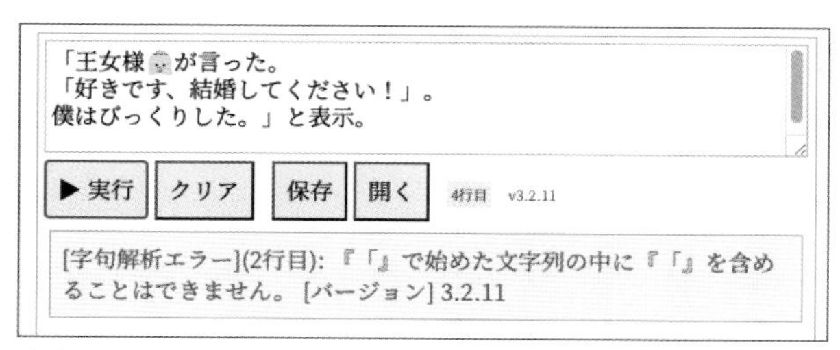

文字列の中で文字列を書くとエラーになる

何がいけないのでしょうか。まず前提として、カギカッコの中でカギカッコ「...」を使うことはできません。それでは、どうしたら良いのでしょうか。ちょっと工夫が必要になります。

まず簡単な解決方法を紹介します。文字列のカギカッコの中で、カギカッコを使うには『{カッコ}』と『{カッコ閉}』を記述します。

```
「王女様👸が{カッコ}好きです{カッコ閉}と言った。」と表示。
```

プログラムを実行すると、次のように表示されます。

```
王女様👸が「好きです」と言った。
```

ただし、この方法だとちょっと長いでしょうか。そこで、別の文字列記号であるダブルクォート"..."を利用しましょう。以下のように書き換えることができます。

```
"王女様👸が「好きです」と言った。"と表示。
```

Chapter2-03で説明したように、文字列は二重カギカッコで囲むこともできます。

```
主人公=「スズキ」
『王女様👸が{主人公}に「好きです」と言った。』と表示。
```

しかしこの場合、{主人公}の部分が任意の名前に変わりません。二重カギカッコの中では変数の埋め込みが無効になってしまうからです。これに対して"..."の文字列は変数の展開を行います(詳しくはChapter2-3のp.62をご覧ください)。

Memo

その他の解決方法 —『置換』関数を使う

他にも、文字列の一部を置換する『置換』関数を使って既存の『...』を「...」に置換するという方法もあります。以下のように記述できます。

```
S=「王女様👸が『好きです』と言った。」
Sの「『」を『「』に置換して「』」を『」』に置換して表示。
```

この関数は『SのAをBに置換』という書式で利用して、文字列Sの中にある文字列Aを文字列Bに置換するものです。

単位変換ツールを作ってみよう

次にもう少し実用的なツールを作ってみましょう。ここで作るのは、長さの単位インチをセンチ（cm）に変換するツールです。インチはディスプレイやTVのサイズとしてよく使いますが、センチに変換するツールを作ってみましょう。

file: src/ch2/inch_cm.nako3

```
「何インチですか？」と尋ねてインチに代入。
センチ＝インチ×2.54
「{インチ}インチは、{センチ}センチです。」と言う。
```

実行すると以下のようになります。

何インチですか？
27
キャンセル　OK

インチをセンチに変換するツール。例えば27を入力。

27インチは、68.58センチです。
閉じる

すると変換結果として68.58センチが表示された

プログラムを確認してみましょう。1行目では『尋ねる』関数を使って、ユーザーからの入力を得ます。そして、2行目で入力した値を元にしてセンチ（cm）を計算します。そして、3行目でインチとセンチの値を画面に表示します。

ウォーキングの消費カロリーを計算しよう

単位変換ツールの応用で消費カロリーの計算ツールを作ることもできます。なお「ウォーキング」には肥満解消や血圧改善、ストレスの発散など、とても良い効果があります。そこで、ウォーキングのモチベーションを上げるために、どのくらいカロリーを消費するのか計算するプログラムを作ってみましょう。

file: src/ch2/walking.nako3

```
「体重は何kgですか？」と尋ねて体重に代入。
「何分歩きましたか？」と尋ねて運動分に代入。
運動時間＝運動分÷60
消費カロリー＝3×体重×運動時間×1.05
「消費カロリーは{消費カロリー}kcalです」と言う。
```

プログラムを実行すると、体重と運動時間を尋ねられます。2つの質問に答えると、消費カロリーが表示されます。以下のように表示されます。

Chapter 2 プログラミングの基本

体重は何kgですか？

60

キャンセル　OK

最初に体重を質問される

何分歩きましたか？

90

キャンセル　OK

続いて運動した時間を質問される

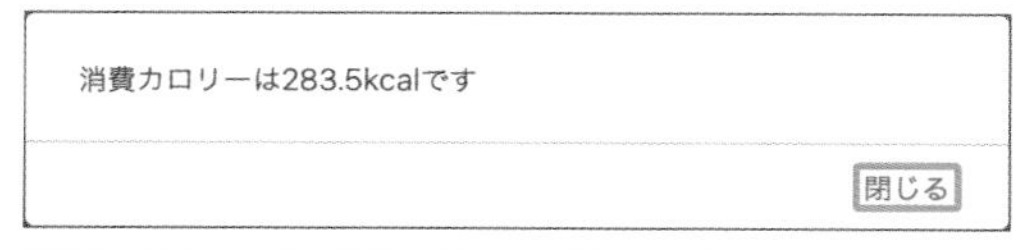

質問に答えると消費カロリーを表示する

プログラムを確認してみましょう。ここでは、1行目と2行目で『尋ねる』関数を使って2つの質問をします。そして、3行目と4行目で消費カロリーを計算します。そして5行目で計算結果を画面に表示します。

なお、4行目にある消費カロリーの計算式を見てみましょう。日本語で書かれているので計算式は一目瞭然です。

```
消費カロリー＝3×体重×運動時間×1.05
```

上記はウォーキングの消費カロリーを調べる公式ですが、ジョギングの消費カロリーを調べたい場合は、先頭の3を7に変更します。プログラムをジョギング用に改良してみるのも良いでしょう。

まとめ

ここでは『尋ねる』関数を使ってユーザーから値を入力するプログラムを作る方法を解説しました。ユーザーに値を入力してもらうことで一方通行ではなく、入力に応じたプログラムを作ることができます。

Column
なでしこで作ったプログラムを配布してみよう

なでしこで作ったプログラムは、PC、タブレット、スマートフォンとさまざまな端末で動かすことができます。しかし、どのようにプログラムを配布できるでしょうか。なでしこの簡易エディタで作ったプログラムを配布するのは簡単です。

(1)簡易エディタで「保存」ボタンを押す

簡易エディタにプログラムを入力し「保存」ボタンを押します。保存名を指定して保存すると「公開」ボタンが表示されます。

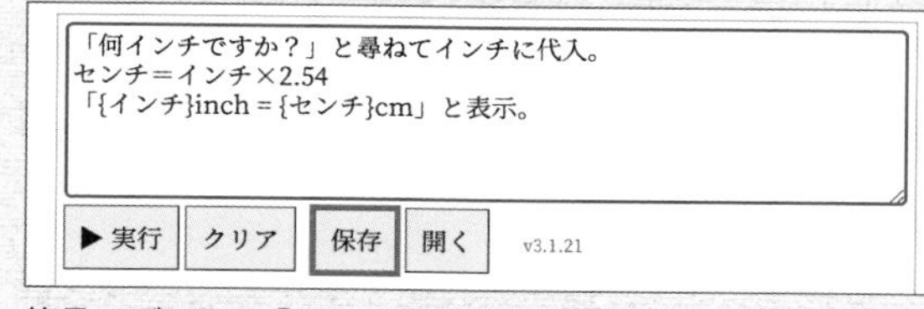

簡易エディタで「保存」ボタンを押す

(2)保存名を指定

するとダイアログが出るので保存名を指定して「OK」ボタンを押します。

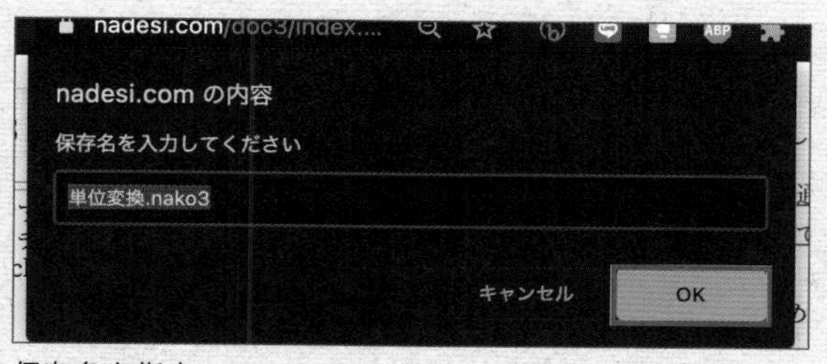

保存名を指定

(3)簡易エディタで「公開」ボタンを押す

すると「公開」ボタンが表示されます。「公開」ボタンを押します。

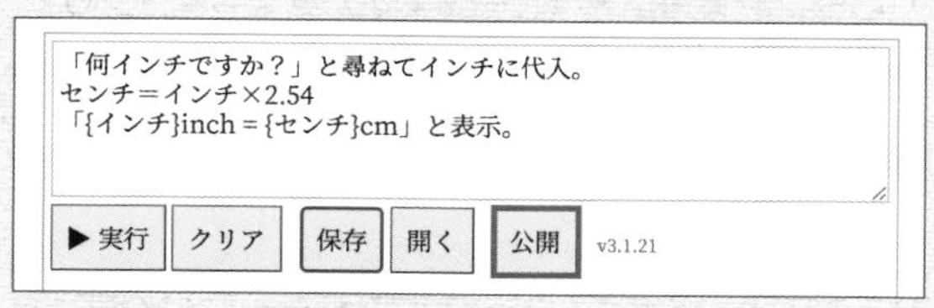

「公開」ボタンを押そう

▶次ページへ続く

(4)公開情報を入力しよう

するとブラウザのページが「なでしこ3貯蔵庫」に移動します。もし、Twitterのアカウントがあれば、Twitterにログインしましょう。ログインすると、投稿したプログラムの管理ができるようになります。とは言え、ログインはしなくても保存できます。そして、プログラムを公開する上で必要となるタイトルやプログラムの説明を入力して、最後にページ一番下の「保存」ボタンをクリックします。

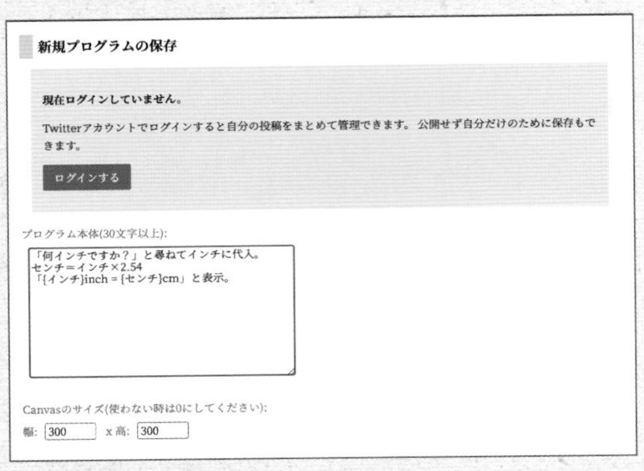

公開情報を入力

(5)作品ページを確認しよう

するとプログラムが一般公開されます。「実行」ボタンを押すと誰でもプログラムを実行できます。

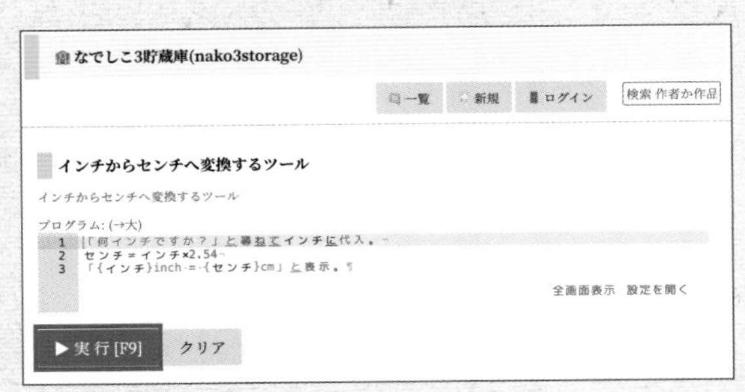

公開されたページ

(6)URLをユーザーに伝えよう

また、公開ページで下の方へスクロールするとプログラム公開用のURLを確認できます。プログラムを使いたい人にこのURLを通知すれば使ってもらえます。また、ブログを持っていれば、ブログパーツ用のタグをコピーしてブログに貼り付けることもできます。

→この作品のURL:
https://nadesi.com/v3/storage/id.php?486
→ブログパーツのURL:
<iframe width="432" height="120" src="https://nadesi.com/v3/storage/widget.php?486"></iframe>
→アプリページのURL:
https://nadesi.com/v3/storage/widget.php?486&run=1

公開URLを確認できる

Chapter 3

条件分岐と繰り返し

Chapter 3では制御構文について紹介します。
制御構文とは条件によって処理を分岐したり、
繰り返したりする構文のことです。
覚えるとプログラムの表現の幅が広がります。

Chapter 3-01

『もし』で条件分岐して摂取カロリーを求めよう

プログラミングに制御構文は欠かせません。制御構文を使うと条件に応じて、繰り返したり処理を分岐したりできます。そして最も基本的な制御構文が『もし』構文です。この構文の使い方を紹介します。

ここで学ぶこと　制御構文 /『もし』構文

制御構文とは

「制御構文」と漢字で書くとちょっと難しそうに感じますが、制御構文とは条件によってプログラムの動作を変更する構文のことです。そして、制御構文のことを「制御構造」とか「フロー制御」と呼ぶこともあります。

これまで作ったプログラムは、常に上から下へと実行されるものでした。分かりやすいのは良いのですが、常に同じ計算を同じ順序で行うことしかできません。そのため、この場合状況に応じて処理を変えることができません。

例えば、自動運転の車を作ったとして、常に同じ動きしかできなければ非常に危険です。突然人が飛び出してきても止まることができないからです。この点、制御構文を使うならカメラやセンサーで前方に人がいないかどうかを確認して、問題なければ前進、何か障害物があるなら止まって右に向きを変えることができます。

この動作を図にしてみると右のようになります。ポイントとなるのは、前方を確認したあと、障害物があるかないかによって処理を分岐している部分です。このように条件に応じて処理を変えるのが制御構文です。

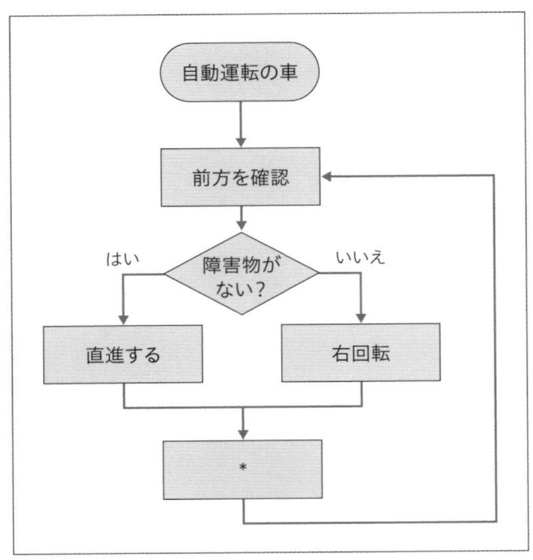

自動運転の車を簡単な図にしてみたところ

『もし』文について

なでしこで、分岐処理を記述するには次のように『もし』文を使います。

書式 『もし』文の使い方(1)

```
もし、(条件) ならば
    #ここに条件が真 (正しい時) の処理
違えば
    #ここに条件が偽 (正しくない時) の処理
ここまで
```

なお、『違えば』以降を省略して次のように書くこともできます。

書式 『もし』文の使い方(2)

```
もし、(条件) ならば
    #ここに条件が真 (正しい時) の処理
ここまで
```

「もし」文はプログラムの「分かれ道」、条件によって動作が変わる

偶数と奇数を『もし』文で判定しよう

それでは簡単に『もし』文を使う方法を確認してみましょう。ここでは、変数Nに代入した数字が偶数か奇数かを判定するプログラムを作ってみましょう。なお、Nを2で割って余りが0の時が「偶数」、余りが1の時が「奇数」です。

割り算の余りを調べるには『%』演算子を使うのでした(p.47参照)。それではプログラムを確認してみましょう。

file: src/ch3/gusu_kisu.nako3

```
N=11
もし、(N%2)が0ならば
    「偶数」と表示。
違えば
    「奇数」と表示
ここまで。
```

右上のプログラムを簡易エディタで実行してみましょう。すると右のように表示されます。

```
奇数
```

11は2で割り切れないので奇数なので正しく結果が表示されました。

Memo
教育用プログラミング言語Scratchにもある「もし」文

なお、読者の中には、教育用プログラミング言語のScratchを使ったことがある方も多いかもしれませんので参考として掲載しておきます。もしScratchで同じプログラムを作ると右のようになります。その構造を見てみると、なでしこのプログラムとほとんど同じです。

その家は駅から5分以内でしょうか?

次に簡単な計算問題を解いてその結果に応じて表示結果を変えるプログラムを作ってみましょう。

問題

徒歩5分以内か計算してみよう

ある人が新しく住む家を探しています。駅の近くが良いので、徒歩5分以内の家を探しています。候補の家は駅から500m先にあります。その人の条件に合致する物件でしょうか。なおだいたい1分に80m歩くことができるとします。

プログラムを作って確かめてみましょう。

file: src/ch3/jikan_keisan.nako3

```
# 物件までの所要時間を計算
距離＝500
分速=80
所要時間＝距離÷分速

# 条件を判定
もし、所要時間が5以下ならば --- 1
    「{所要時間}分なので条件に合致してます。」と表示。
違えば
    「{所要時間}分なので不合格です。」と表示。
ここまで。
```

プログラムを実行すると次のように表示されます。

```
6.25分なので不合格です。
```

今回「5分以下」という条件だったので、6分ちょっとかかるこの物件は、残念ながら条件には合致しない物件であることが分かりました。すでに変数を使った計算に慣れていれば、所要時間の計算は問題ないでしょう。そして、条件が特定の値以下かどうか判定する場合、1で記述しているように『(値)が(値)以下』という関数を使って確かめることができます。

条件式を記述しよう

なお『もし』文の「条件」に記述できるのは条件式です。次のような条件式を記述できます。日本語で書く方法、演算子で書く方法、好きな方法で記述できます。

条件式(日本語)	条件式(演算子)	利用例	結果
AがBと等しい(または)AがB	A=B	3=2	偽
AがBと等しく無い	A≠B(または)A != B	3 != 2	真
AがB超	A > B	3 > 2	真
AがB以上	A ≧ B(または)A >= B	3 ≧2	真
AがB未満	A < B	3 < 2	偽
AがB以下	A ≦ B(または)A < B	3 ≦2	偽

先ほどは『以下』を使いましたが、例えば、変数Aが5以上であるかを調べるプログラムは次のようになります。

```
A=10
もし、A >= 5ならば
    「Aが5以上」と表示。
違えば
    「Aは5未満」と表示。
ここまで。
```

なお「A >= 5」の部分を「A ≧5」あるいは「Aが5以上」と書いても同じ意味になります。

食事摂取カロリーを調べよう

日本人が1日に必要なエネルギーや栄養素量を示した基準に「日本人の食事摂取基準」があります。これは、厚生労働省が健康の保持、生活習慣病の予防のために公表しているものです※1。

この中に年齢と性別ごとの表があります。以下に12才から64才までの年齢を抜粋したものを以下に紹介します。数値は推定エネルギー必要量(kcal/日)を示しています。

年齢/性別	男性	女性
12-14才	2600	2400
15-17才	2800	2300
18-29才	2650	2000
30-49才	2700	2050
50-64才	2600	1950

今回この表を元にして、年齢を入力するとエネルギー必要量を表示するプログラムを作ってみましょう。

※1　日本人の食事摂取基準(2020年版) https://www.mhlw.go.jp/content/10904750/000586553.pdf

file: src/ch3/if_kcal.nako3

```
# 年齢を尋ねる --- 1
「年齢は？」と尋ねて年齢に代入。

#『もし』文で順に条件を判定 --- 2
もし、年齢が12未満ならば
    「すみません、範囲以外です。」と表示。
違えば、もし年齢が14以下ならば
    「男性は2600、女性は2400kcal」と表示。
違えば、もし年齢が17以下ならば
    「男性は2800、女性は2300kcal」と表示。
違えば、もし年齢が29以下ならば
    「男性は2650、女性は2000kcal」と表示。
違えば、もし年齢が49以下ならば
    「男性は2700、女性は2050kcal」と表示。
違えば、もし年齢が64以下ならば
    「男性は2600、女性は1950kcal」と表示。
違えば
    「すみません、範囲外です。」と表示。
ここまで。
```

プログラムを実行すると年齢を尋ねられます。日本語入力をオフにして数値を入力すると、年齢に応じた必要カロリーが表示されます。

年齢を入力すると…

▶実行　クリア　保存　v3.2.4

男性は2600、女性は2400kcal

必要カロリーが表示される

プログラムを確認してみましょう。1の部分で『尋ねる』関数を使ってユーザーに年齢の入力をしてもらいます。そして、2以降の部分で『もし』文を使って年齢を判定していきます。ここでは、『もし』文を数珠つなぎにして連続で年齢を判定していきます。

なお今回のように、連続で『もし』文を書く場合、次のような書式で指定できます。なお『もし』文はいくつでも連続で記述できます。

書式　『もし』文を連続で記述する場合

```
もし、(条件1) ならば
    #条件1が真の時の処理
違えば、もし、(条件2) ならば
    #条件1が偽で、条件2が真の時の処理
違えば、もし、(条件3) ならば
    #条件1と条件2が偽で、条件3が真の時の処理
違えば
    #すべての条件が偽の時の処理
ここまで。
```

Memo

送りがなは変更できる

なでしこでは、カタカナや漢字の後ろにある「送りがな」を比較的自由に変更できます。例えば、「30を表示」と書くところを「30を表示する」「30を表示しろ」のように自由に書くことができます。

ただし、助詞を含めないようにします。例外として「ください」と組み合わせて「30を表示してください」と礼儀正しく書くこともできます。

まとめ

以上、ここでは制御構文の1つである『もし』文について紹介しました。『もし』文を使うと条件に応じて処理を分岐できます。ここでは、偶数奇数を判定したり、1日に必要なカロリーの判定をしたりしました。

Chapter 3-02

『または』と『かつ』を使おう

条件式を書くときに複数の条件を指定したい場合があります。そんな時『または』や『かつ』を使います。これを「論理演算」と呼びます。ここでは論理演算について紹介します。

ここで学ぶこと 論理演算

論理演算とは

「論理演算」とは複数の条件を判定するのに使います。『AかつB』や『AまたはB』のようにして条件を指定します。『AかつB』と書いた場合には、条件式Aと条件式Bが両方正しい場合、『AまたはB』と書いた場合には、条件式Aと条件式Bの片方が正しい場合にプログラムが実行されます。

『AかつB』の利用例

多くの施設でこども料金が設定されています。例えば、電車料金ですが、JRでは6才以上12才未満の年齢でこども料金が適用されるようになっており、乗車料金が規定の半額になっています。

こども料金が適用されるかどうかを、プログラムを作って判定してみましょう。一般的な日本語では「年齢が6以上12未満」のように書けますが、これをよく考えると「年齢が6以上」と「年齢が12未満」という2つの条件があることが分かります。しかも、これは『AかつB』の関係となっています。そのため以下のようなプログラムを作ることになります。

file: src/ch3/kodomo_ryokin.nako3

```
年齢＝9
もし、(年齢が6以上)かつ(年齢が12未満)ならば
　　「こども料金」と表示。
違えば
　　「おとな料金」と表示。
ここまで。
```

実際にプログラムの一行目にある年齢の値を変えて動作を確かめてみましょう。

『AまたはB』の利用例

次に『AまたはB』を使ったプログラムを作ってみましょう。ある施設では、6才未満と65才以上の人は無料です。無料かどうかを判定するプログラムを作ってみましょう。

file: src/ch3/muryo_hantei.nako3

```
年齢＝4
もし、（年齢が6未満）または（年齢が65以上）ならば
　　「無料」と表示。
違えば
　　「有料」と表示。
ここまで。
```

こちらも、実際に年齢の値を変えて動作を確かめてみましょう。

論理演算について

ここで改めて論理演算について表にまとめてみましょう。前提として、条件式の結果として考えられるのは、真（正しい）と偽（正しくない）です。

論理演算子	説明
AかつB	条件式AとBの両方が真のとき真、それ以外は偽（論理積）
AまたはB	条件式AとBのどちらかが真ならば真、それ以外は偽（論理和）
A && B	「AかつB」と同じ
A || B	「AまたはB」と同じ

詳しい動きを確かめると以下の表のようになります。

論理積『かつ』	条件A	条件B	結果
AかつB	真	真	真
AかつB	偽	真	偽
AかつB	真	偽	偽
AかつB	偽	偽	偽

論理和『または』	条件A	条件B	結果
AまたはB	真	真	真
AまたはB	偽	真	真
AまたはB	真	偽	真
AまたはB	偽	偽	偽

図にしてみると次のようになります。図の色のついたところが真(正しい)、色のついてないところが偽(正しくない)となります。

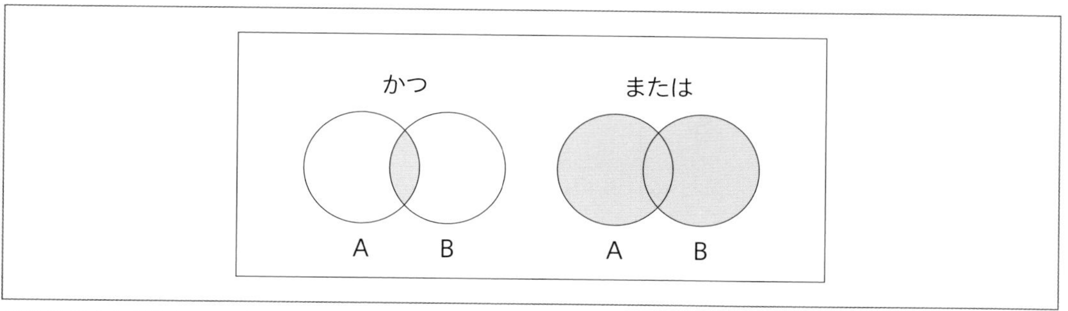

論理演算子の条件について

このように、表にすると大変なもののように見えますが、基本的に「AかつB」「AまたはB」と日本語の意味そのままであり、その意味をよく考えるなら表の意味も分かることでしょう。

入場料を判定するプログラムを作ろう

それでは、論理演算を利用して実際のプログラムを作ってみましょう。

問題

入場料はいくら？

とある遊園地の入場料を決定するプログラムを作りたいとします。その遊園地では年齢によって入園料が異なります。次の表のような料金区分になっているとします。プログラムを作ってみてください。

年齢	料金
3才未満	0円
3才以上12才未満	300円
12才以上から60才未満	600円
60才以上	500円

年齢によって料金が変わるのでなかなか複雑ですね。それでは、年齢を入力すると料金を表示するプログラムを作ってみましょう。

✎ file: src/ch3/nyuenryo.nako3

```
年齢＝「年齢は？」と尋ねる。

もし、年齢が3未満ならば
    「0円」と表示。
違えば、もし(年齢が3以上)かつ(年齢が12未満)ならば
    「300円」と表示。
違えば、もし(年齢が12以上)かつ(年齢が60未満)ならば
    「600円」と表示。
違えば
    「500円」と表示。
ここまで。
```

プログラムを実行してみましょう。そして、年齢を入力してみます。すると入場料金が表示されます。

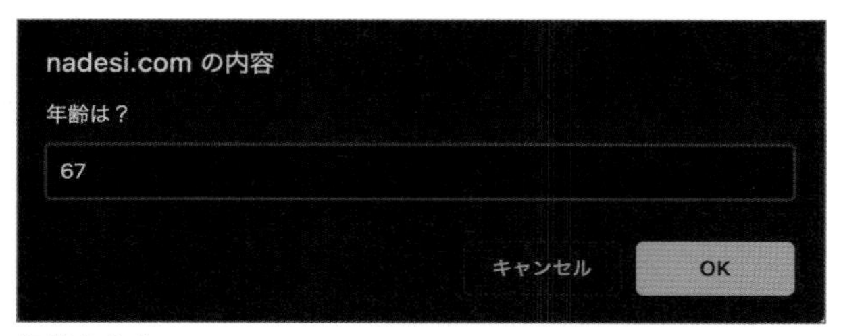

年齢を入力

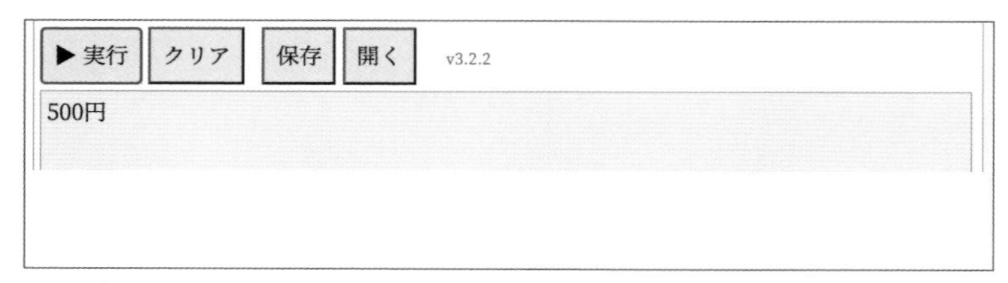

金額が表示される

まとめ

以上、ここでは『または』と『かつ』の使い方について紹介しました。論理演算と言うと難しく聞こえますが、日本語の意味を考えてみると、それほど難しくないということも分かるでしょう。

Chapter 3-03

「N回」構文で指定回数だけ繰り返そう

指定回数だけ処理を繰り返し実行する「N回」構文を学びましょう。これを使うと同じ処理を書く必要がなくなります。人間は繰り返し動作に飽きてしまいますが、コンピューターは喜んで何度でも繰り返してくれます。

ここで学ぶこと 『N回繰り返す』構文

✤『N回繰り返す』構文の使い方

プログラムを何度も繰り返したい時があります。そのときに使うのが『N回繰り返す』構文です。次のような書式で使います。

書式 指定の回数だけ繰り返す

```
N回繰り返す
    #ここに繰り返す内容
    #ここに繰り返す内容
ここまで
```

なお『N回繰り返す』を『N回』と省略して書くこともできます。

✤簡単に使ってみよう

簡単な例で『N回繰り返す』構文を試してみましょう。

file: src/ch3/10kai_koban.nako3

```
10回繰り返す
    「😸ネコに💰小判」と表示。
ここまで。
```

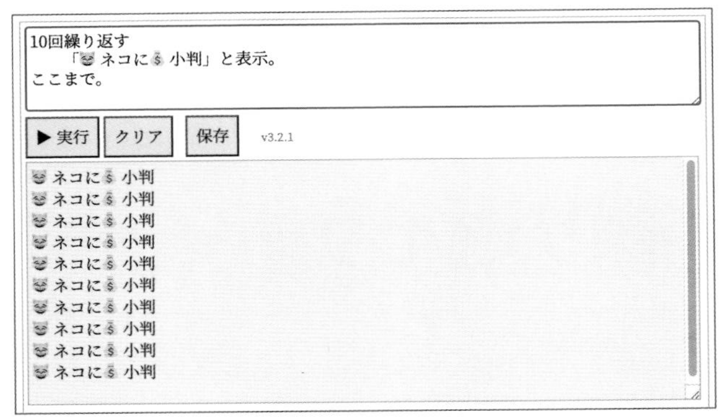

10回「😸ネコに💰小判」と表示したところ

✿『N回繰り返す』でカメを動かしてみよう

動きがある方が分かりやすいでしょうか。次に『N回繰り返す』を使ってカメを動かして確かめてみましょう。

file: src/ch3/4kai_kame.nako3

```
カメ作成。
4回繰り返す
    100だけカメ進む。
    90だけカメ右回転。
ここまで。
```

簡易エディタで実行すると、4回カメが100ピクセル進んでは90度右回転します。カメの歩いた後には線が引かれるので、結果として正方形が描画されます。

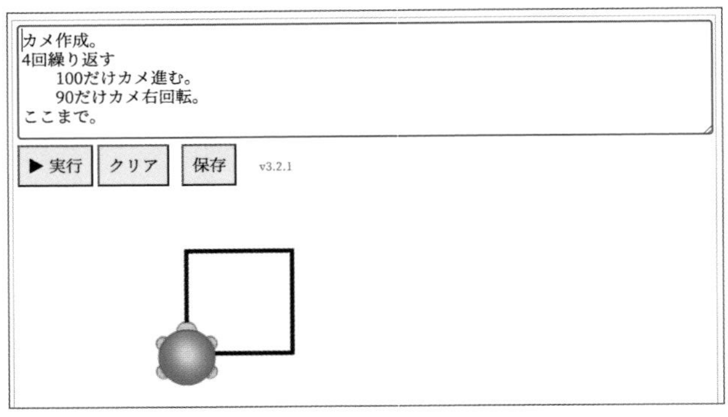

4回繰り返しカメを動かしたところ

このプログラムは、『N回繰り返す』構文を使わずに右のように書くことができます。でも『N回繰り返す』を使った方が断然読みやすいですよね？　しかも、100回繰り返す必要があったら大変です。

file: src/ch3/4kai_kame_nasi.nako3

```
#「N回繰り返す」構文を使わずに書いた場合
カメ作成。
100だけカメ進む。# 1回目
90だけカメ右回転。
100だけカメ進む。# 2回目
90だけカメ右回転。
100だけカメ進む。# 3回目
90だけカメ右回転。
100だけカメ進む。# 4回目
90だけカメ右回転。
```

Memo
Scratchで書くと…

ここでも、Chapter3-2で紹介したScratchとなでしこのプログラムを比べてみましょう。この場合も、なでしこで書いた流れとほとんど同じですね。もし、Scratchを知っているなら「なでしこ」でも同じように書けるので有利でしょう。p.23に書いたように、プログラミング言語を1つマスターしてしまえば、もう1つ覚えるのも、それほど難しくないのです。

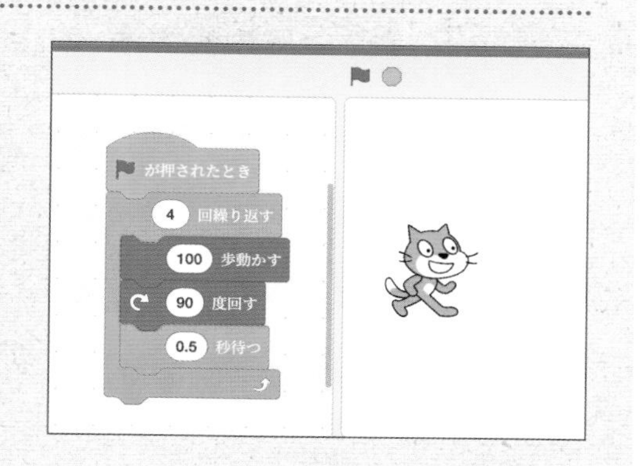

六角形の図形を描画してみよう

先ほどはカメを動かして正方形を描きました。それでは少しプログラムを修正して六角形を描いてみましょう。どのように修正すれば良いでしょうか。

file: src/ch3/6kai_kame.nako3

```
カメ作成。
6回繰り返す
    80だけカメ進む。
    (360 ÷ 6)だけカメ右回転。
ここまで。
```

答えを見れば納得でしょうか。四角形を描くには4回繰り返す必要がありましたが、六角形を描くには6回繰り返す必要があるというだけです。また、四角形を描くためには、360÷4=90度だけ右回転しましたが、六角形を描くには360÷6=60度だけ右回転するようにします。

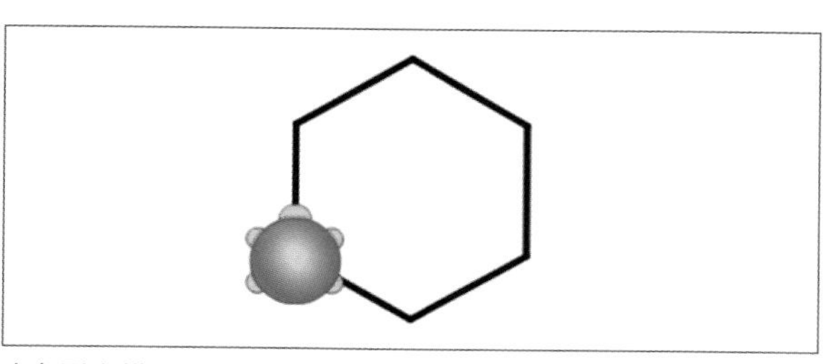
六角形を描画したところ

まとめ

ここでは『N回繰り返す』構文を紹介しました。プログラムを指定した回数だけ繰り返すことができるのでとても便利です。繰り返し処理をうまく使えば、何度も同じプログラムを書く必要がなくスッキリしたプログラムを作ることができます。

Chapter 3-04

変数を指定して繰り返そう

続いて変数の値を変えながら繰り返しを行う方法を見てみましょう。基本的には『N回繰り返す』構文と同じですが変数の値を更新しながら繰り返すので使い勝手がよいものとなっています。

ここで学ぶこと　変数を指定した「繰り返す」構文

変数を指定した『繰り返す』構文の使い方

変数を指定した『繰り返す』構文は次のように利用します。最初に書式を確認してみましょう。

書式　変数の開始から終了までを指定して繰り返す

```
(変数名)を(開始値)から(終了値)まで繰り返す
    #ここに繰り返す内容
    #ここに繰り返す内容
ここまで
```

簡単に使ってみよう

簡単な例で変数を指定した『繰り返す』構文を試してみましょう。変数Nを指定して1から5まで繰り返し実行するプログラムは以下のようになります。

file: src/ch3/hensu_kurikaesu.nako3

```
Nを1から5まで繰り返す
    「🐟が{N}匹」と表示。
ここまで。
```

プログラムを実行してみましょう。すると以下のように表示されます。変数の値が1ずつ増えていく様子に注目してみてください。このように、繰り返すたびに変数が1つ増えていくのです。

```
🐟が1匹
🐟が2匹
🐟が3匹
🐟が4匹
🐟が5匹
```

変数を指定して繰り返し処理を実行したところ

1から10までの数を足すといくつ？

もう1つ例を見てみましょう。1から10まで順に足した答えを知りたいときにも、この『繰り返す』構文が役立ちます。

file: src/ch3/1_10_goukei.nako3

```
合計値は0
Nを1から10まで繰り返す
    合計値＝合計値＋N
    「→(経過) {N}を足すと{合計値}です。」と表示。
ここまで。
「★合計結果は{合計値}です。」と表示。
```

プログラムを実行すると次の結果が表示されます。

```
→(経過) 1を足すと1です。
→(経過) 2を足すと3です。
→(経過) 3を足すと6です。
→(経過) 4を足すと10です。
→(経過) 5を足すと15です。
→(経過) 6を足すと21です。
→(経過) 7を足すと28です。
→(経過) 8を足すと36です。
→(経過) 9を足すと45です。
→(経過) 10を足すと55です。
★合計結果は55です。
```

変数Nの値が1から10まで順に変化していきます。そして合計値も大きくなっていきます。そして、最終的な合計結果の55を求めることができました。

Memo

Scratchを使って 1から10までを足すならどうする？

Scratchを使って1から10までを足すプログラムを作ると右のようになります。残念ながらScratchには変数を指定して繰り返すという構文がないため『10回繰り返す』と『Nを1ずつ変える』のブロックを組み合わせて、なでしこの『繰り返す』を再現しました。

少し違いがあるとはいえ、こうやってScratchのプログラムを見ると、なでしこの『繰り返す』構文の動きも分かりやすいのではないでしょうか。

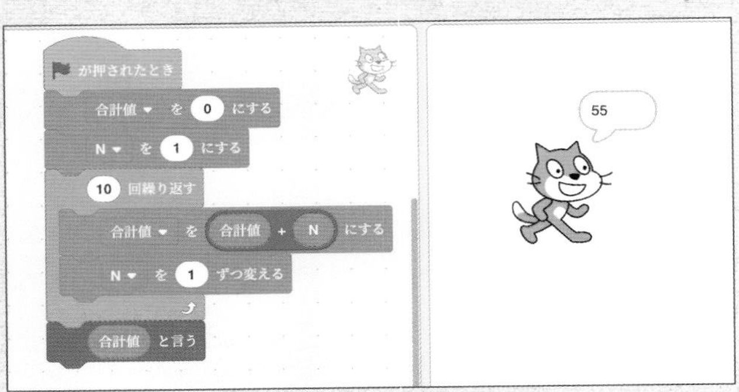

Scratchで1から10まで足すプログラム

3の倍数と5の倍数を探して表示しよう

なお、すでに前節で『N回繰り返す』を紹介したので、あえて変数を指定して繰り返す必要があるのだろうかと思う人もいるかもしれませんね。それでは、これが役立つ場面を紹介します。ここで問題です！

問題

3と5の倍数を表示しよう

2から20までの数字の中で3と5の倍数を表示してください。そして、3の倍数のときはイヌを、5の倍数のときはウマを表示してください。

【ヒント】このような問題が出たらどのようなプログラムを作ることができるでしょうか。指定の範囲の数について1つずつ、計算式を書いてその数が倍数かどうかを調べることもできます。しかし『繰り返す』を使うと簡単に問題を解くことができます。

以下が答えのプログラムです。

file: src/ch3/baisu3_5.nako3

```
Nを2から20まで繰り返す
    # 3の倍数か確認
    もし、N%3=0ならば「🐕{N}は3の倍数」と表示。 ------- 1
    もし、N%5=0ならば「🐎{N}は5の倍数」と表示。 ---
ここまで。
```

プログラムを実行すると、2から20までの数で、3の倍数と5の倍数のものを表示します。

```
🐕3は3の倍数
🐎5は5の倍数
🐕6は3の倍数
🐕9は3の倍数
🐎10は5の倍数
🐕12は3の倍数
🐕15は3の倍数
🐎15は5の倍数
🐕18は3の倍数
🐎20は5の倍数
```

プログラムを見てみると、『繰り返す』文の中で、次々と変化する変数Nに対して、『もし』文を使って3の倍数か、5の倍数かを判定しています（1）。なお「A%B」はAをBで割った余りを計算します。そのため、「A%B=0」と条件式に書いた場合、AがBの倍数かどうかを判定する意味になります。

『N回繰り返す』を使って書き直すと？

もちろん変数を使わない『N回繰り返す』文を使ってこのプログラムを作り直すこともできます。しかし、『（変数）を（開始）から（終了）まで繰り返す』文を使った方が短いプログラムを作ることができます。参考までに『N回繰り返す』文を使うと次のようになります。変数を使わない繰り返しを使うと、1にあるように、繰り返しの最後で変数の値を1つ増やす処理をする必要があることがわかります。

file: src/ch3/baisu3_5kai.nako3

```
N＝2
19回繰り返す
    もし、N%3=0ならば「🐕{N}は3の倍数」と表示。
    もし、N%5=0ならば「🐎{N}は3の倍数」と表示。
    N＝N＋1 --- 1
ここまで。
```

まとめ

以上、変数を指定して『繰り返す』構文を使う方法を紹介しました。一見すると『N回繰り返す』構文の方が簡単に思えますが、いろいろなプログラムを作っていくと意外とこの変数を指定する『繰り返す』構文の方が使用頻度は高いことに気付きます。使い方をしっかり覚えておきましょう。

Column

エラーは情報の宝庫 ー 活用しよう

先日「何度もエラーが出ると辛い、人格を否定されている気がする」という話を聞きました。確かに思い通りに動かないとストレスになることもあります。しかし、プログラマーにとって「エラー」というのはとても身近なものです。どんな天才であっても、ちょっとしたミスでエラーが出て動かないということはよくあります。

そもそもエラーは情報の宝庫です。人格否定をする先輩ではなく、頼もしい相談役と考えてくださいね。エラーを読むときのポイントは、どんなエラーが出たのか、どこにエラーがあるのかをよく確認することです。時には、エラーの出た場所が直接の原因ではないこともあります。プログラミング経験を積むことで問題の理由が分かるようになります。

Chapter 3-05

条件を指定して繰り返そう

『繰り返す』構文のバリエーションに『条件の間繰り返す』構文があります。これを使うと条件が正しい間繰り返しを行うことができます。つまり、任意の条件を指定して繰り返しができます。

ここで学ぶこと　条件を指定する『間繰り返す』構文 / 無限ループ / 『抜ける』文

条件を指定した『繰り返す』構文の使い方

条件を指定する『間繰り返す』構文は右のように利用します。条件に指定した式が正しい間、繰り返しを実行します。

なお、『間繰り返す』は『間』と省略して書いても同じ意味になります。

書式　ある条件を満たす間だけ繰り返す

```
(条件)の間繰り返す
    #ここに繰り返す内容
    #ここに繰り返す内容
ここまで
```

簡単に使ってみよう

簡単な例で『間繰り返す』構文を試してみましょう。変数Nが5以下の時に繰り返すプログラムは右のようになります。

file: src/ch3/aida.nako3

```
N=1
Nが5以下の間繰り返す
    「🐼 Nは{N}で5以下です」と表示。
    N=N+1
ここまで。
```

プログラムを実行してみましょう。すると右のように表示されます。変数のNの値が5以下であることに注目して見てください。

```
🐼 Nは1で5以下です
🐼 Nは2で5以下です
🐼 Nは3で5以下です
🐼 Nは4で5以下です
🐼 Nは5で5以下です
```

✿どういう時に使うのか？

ちなみに、条件を指定して繰り返す『間繰り返す』構文ですが、どういう時に使うと良いのでしょうか。繰り返しを始める際に、何回繰り返すのか分からない時に使います。

例えば、お風呂を沸かすプログラムを作るとしましょう。お風呂の温度を40度にあがるまで暖めたいとします。しかし、給湯器の性能や湯量によって温度がいつ40度に上がるのか分かりません。そこで、お風呂の温度を計測し設定温度になるまで給湯器を動かし続けます。そして、40度になればブザーを鳴らしてプログラムを終了します。

これと同じように、何回目でプログラムが完了するか分からない場合に『間繰り返す』文が使えます。なお、なでしこで擬似コードを書くと次のようになるでしょうか。

```
#【擬似コード】
温度＝温度確認
温度が40未満の間繰り返す
    「現在の温度は{温度}度」と表示。
    追い焚き処理。
    温度確認して温度に代入。
ここまで
ブザー鳴らす
```

✿恐怖の「無限ループ」に注意しよう

なお、『間繰り返す』構文を使う時には注意が必要な場面があります。例えば以下のプログラムには間違いがあります。

file: src/ch3/bug_aida.nako3

```
A=1
Aが5以下の間繰り返す
    「A={A}」を表示。
ここまで。
```

プログラムを実行すると、何が起きるでしょうか。1行目では変数Aに1が代入されます。しかし、2行目以降の『間繰り返す』ではAの値が一度も変更されません。つまり、この繰り返しは永遠に終わりません。そして、しばらく待っていると「ページが応答しません」とエラーが表示されてしまいます。そうなったら「ページを離れる」をクリックするか、ブラウザを閉じるか、ページの再読み込みを行います。

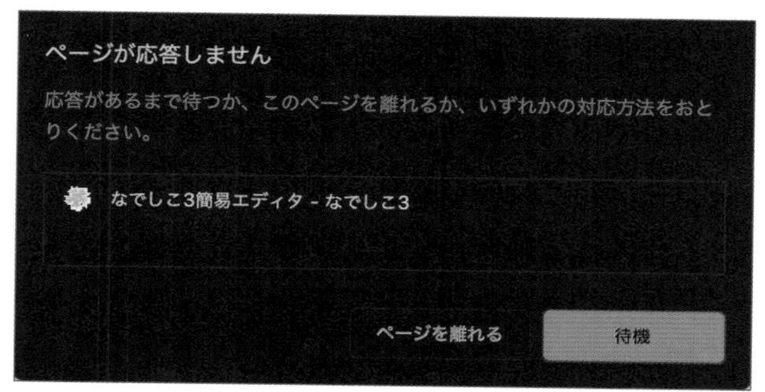

エラーが表示される

プログラムを書き間違えたことで、ブラウザのページを閉じないといけなくなってしまいました。明らかに問題のあるプログラムです。このように無限に同じところをグルグル回ってプログラムが終わらなくなってしまうことを「無限ループ」と呼びます。

わざと無限ループを使う場合

無限ループには注意しなければなりませんが、別途プログラムが終了する方法を用意した上で、あえて無限ループを使う場面もあります。例えば、繰り返し遊べるゲームを考えてみましょう。ゲームのプレイヤーが飽きるまで何度も何度も遊べるようにしたいと思います。このような時に無限ループを使います。ただし、この場合でも何かしらプログラムが終了する手段を用意する必要があります。

ここでは簡単な数当てゲームを作ってみましょう。

file: src/ch3/mugen_kazuate.nako3

```
点数＝0
# ゲームを無限ループでずっと繰り返す --- 1
永遠の間繰り返す
    答え＝2の乱数
    「数当てゲーム。0か1を入力して」と尋ねて推測値に代入。
    もし答えが推測値ならば
        点数＝点数＋1
        結果＝「当たり★」
    違えば
        結果＝「はずれ😭」
    ここまで。
    # 結果表示と継続するか二択で質問 --- 2
    「{結果}。点数は{点数}点。続けますか？」と二択。
    もし、それがキャンセルならば、抜ける。# --- 3
ここまで。
「{点数}点で終わりました。」と言う。
```

プログラムを実行してみましょう。0か1を入力する数当てゲームです。当たれば点数が加算されます。なお当たったかどうか判定した時に、[OK] か [キャンセル] かを選びます。ここで [キャンセル] を選ばないと永遠にゲームは続きます。

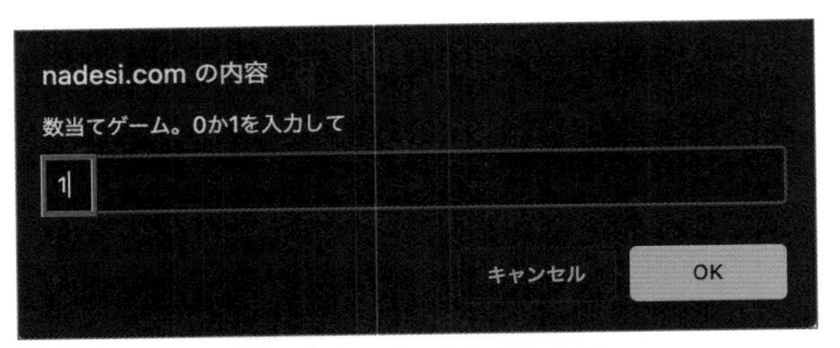

数当てゲームを実行したところ。0か1を入力。

nadesi.com の内容

はずれ。点数は0点。続けますか？

キャンセル OK

はずれしまったところ。[OK] を選ぶとゲームは続く

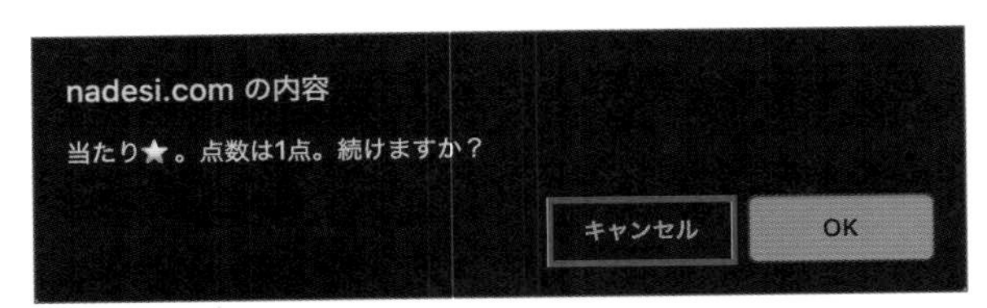

当たったところ。[キャンセル] を選ぶとゲームは終わる

ゲームが終わったところ

一通り遊んだら、プログラムの仕組みを確認してみましょう。❶の部分では『永遠の間繰り返す』と書いています。永遠とは常に真を意味する値です。このように書くことで無限ループを作ることができます。そしてループの中では、ユーザーに一行入力を求める『尋ねる』関数を使って質問をします。その後、『もし』文を使ってユーザーの答えが正しいかどうかを判定します。答えが正しければ点数を1加算します。

❷の部分では数当てゲームの結果を表示するのと同時にゲームを続けるかどうかを尋ねます。この時、[OK] と [キャンセル] のダイアログで質問する『二択』関数を使います。実行結果としてOKかキャンセルの値を返します。

書式　[OK] と [キャンセル] のダイアログで質問する

「質問をここに記述」と二択。

❸の部分で「キャンセル」のボタンが押されたら『抜ける』文を実行します。これは、繰り返しを中断できるものです。詳しくはこの後紹介します。繰り返しを抜けたら、最後に点数をダイアログに表示してプログラムが終了します。

繰り返しを中断する『抜ける』文について

さて、繰り返しの途中で実行を中断する『抜ける』文について紹介します。これは『間繰り返す』だけでなく、『回繰り返す』構文や、変数を指定して『繰り返す』構文でも使えます。

以下のプログラムはもともと1から10まで繰り返すプログラムですが、変数Nが3のときにNの値を表示した後『抜ける』文で繰り返しを中断します。

file: src/ch3/nukeru.nako3

```
Nを1から10まで繰り返す
    「N={N}」を表示。
    もし、N=3ならば抜ける。
ここまで。
```

プログラムを実行すると、以下のように表示されます。

```
N=1
N=2
N=3
```

『抜ける』を図で表すと次のようになります。繰り返しの途中でも即座に繰り返しを抜けて、『ここまで』の直後に飛びます。

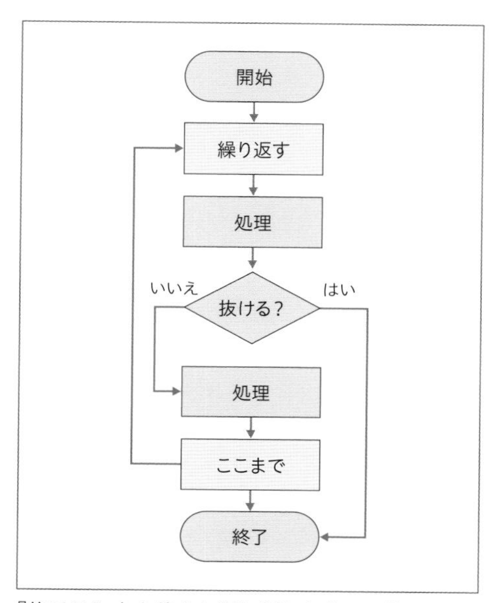

『抜ける』文を使うと繰り返しをすぐに抜ける

次の繰り返しを行う『続ける』文について

また、繰り返しを中断してしまうのではなく、それ以降の繰り返し処理を飛ばして、次の繰り返しを実行するのに使う『続ける』文もあります。文章で解説するより具体例で確認してみましょう。

以下のプログラムはもともと1から3まで繰り返すものです。しかし、変数Nが2のときだけ『続ける』文以降の処理を飛ばすというものです。

file: src/ch3/tudukeru.nako3

```
Nを1から3まで繰り返す
　　「--- {N} ---」を表示。
　　もしNが2ならば続ける。
　　「あ」を表示。
　　「い」を表示。
ここまで。
```

プログラムを実行してみます。もともとは繰り返しごとに、Nの値、「あ」、「い」と3行ずつ表示されるはずです。しかし、Nが2のとき『続ける』が実行されるために、それ以降の処理が飛ばされます。ポイントは中断ではなく、次の繰り返しを行うという点です。

```
--- 1 ---
あ
い
--- 2 ---
--- 3 ---
あ
い
```

『続ける』文を図で表すと右のような動作になります。『続ける』文を使うと、繰り返し文の先頭に戻ります。

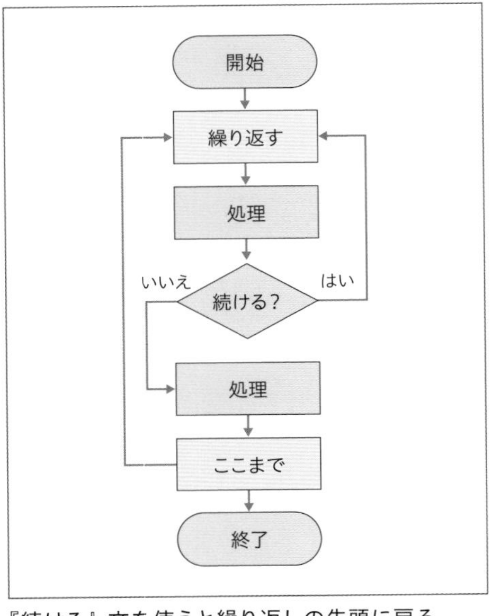

『続ける』文を使うと繰り返しの先頭に戻る

まとめ

ここでは条件を指定して繰り返す『間繰り返す』構文について紹介しました。実行したい回数が分からない場合などに使います。ただし、書き間違えて無限ループにならないよう注意する必要があります。また、繰り返しを中断する『抜ける』や次の繰り返しを実行する『続ける』文についても紹介しました。

Column 制御構文のまとめ

ここまで、いくつかの制御構文を紹介しました。ここで、簡単に制御構文を一覧にして眺めてみましょう。

条件分岐『もし』文

指定した条件が正しいかどうかで処理を変更することができます。右は変数Nが偶数か奇数を判定するプログラムです。

```
N=15
もし、N%2=0ならば
    「偶数」と表示
違えば
    「奇数」と表示。
ここまで。
```

繰り返し構文

ある処理を繰り返し実行する構文があります。

・「(回数)回繰り返す」構文 …… 指定回数だけ処理を繰り返す
・「(変数)を(開始)から(終了)まで繰り返す」構文 …… 変数を指定して処理を繰り返す
・「(条件)の間繰り返す」構文 …… ある条件が正しい間処理を繰り返す

右のプログラムは、3回画面に「ワン」と表示するプログラムです。上の1つ目の構文を使っています。

```
3回繰り返す
    「ワン」と表示。
ここまで。
```

制御構文の基本は、条件分岐と繰り返しです。それぞれの構文をしっかり覚えておきましょう。

Chapter 3-06

関数を定義してみよう

すでにプログラミングにおける関数の働きについて理解できたことでしょう。何かしらの機能を使うには関数を利用します。ここでは自分で関数を作る方法を紹介します。

ここで学ぶこと 関数の定義方法 / 戻り値について

関数を定義するメリット

プログラミングにおける「関数」の働きについてはもうばっちり掴めているでしょうか。数学で出てくる関数とはちょっと違っていますよね。線を描画したり、質問ダイアログを出したり、プログラミングにおける関数は、何かしらの機能を利用するのに便利なものでした。

そして、この関数は自分で作ることができます。これによって、よくある処理をまとめて一括りにすることができます。また、変数は値に名前を付けることでプログラムを分かりやすくできましたが、関数は処理に名前を付けることでプログラムを分かりやすくできます。

特に長いプログラムを作ったときに、あちらこちらに似たプログラムを書き散らすと、プログラムが複雑になりバグの原因になります。よく似た処理は関数にまとめてしまうと書き間違いも少なくなります。

関数の定義の仕方

関数を定義するには、次の書式で記述します。

書式 関数を定義する

```
●（引数1+助詞、引数2＋助詞、...）関数名とは
    # ここに関数の処理を記述
    それは(戻り値)。
ここまで
```

関数名から『ここまで』の間に関数の処理を記述します。この時、丸カッコで括る引数の宣言は省略できます。また『(関数名)とは』のように助詞「とは」を書くことで読む人に意味が伝わりやすくなりますが「とは」も省略できます。

それから関数には「戻り値」と言って、関数の実行結果を指定できる機能があります。例えば『足す』関数ならば、戻り値は足し算の結果が戻り値です。それで、なでしこで関数を定義した時に、関数の戻り値を指定するための方法が2つあります。

1つ目は、特殊変数の「それ」に戻り値を代入する方法、もう1つは『(戻り値)で戻る』文です。前者の「それ」に値を代入する方法は戻り値を指定するだけですが、後者の『戻る』文は、関数の実行をその時点で中断して、関数の呼出し位置に制御を戻します。

Memo

関数定義の記号●を入力するには?

関数定義の記号「●」を日本語入力するには、「まる」または「くろまる」と入力して漢字変換します。

定義した関数を呼び出す方法

これまでも関数を使っていますが、改めて関数を呼び出す方法を紹介します。自分で定義した関数もなでしこに最初から備わっている関数と同じように呼び出すことができます。

書式 定義した関数を呼び出す方法

```
(引数1)(助詞)、(引数2)(助詞)、... 関数名。
```

なお、なでしこの関数呼び出しでは、引数と一緒に指定した「助詞」の部分が重要で、助詞が合っていれば、引数の順番を入れ替えても正しく動くようになっています。また、なでしこではプログラムを実行する前に関数の定義処理を行います。そのため、関数の呼び出しよりも後で関数の定義を書いても問題なく動きます。

例えば、引き算を行う「AからBを引く」という関数は以下のように書き換えても正しく動きます。以下のプログラムは両方とも8を表示します。

```
10から2を引いて表示。
2を10から引いて表示。
```

✱ 簡単な例で関数定義を確認してみよう

それでは、最初に引数として与えた値を二倍する『二倍処理』という関数を定義してみましょう。

file: src/ch3/kansu_nibai.nako3

```
# 関数を定義 --- 1
●(Nを)二倍処理とは
    それはN×2。
ここまで

# 関数を使う --- 2
2を二倍処理して表示。
3を二倍処理して表示。
5を二倍処理して表示。
```

プログラムを実行すると以下のように表示されます。

```
4
6
10
```

プログラムの1では『二倍処理』という関数を定義します。関数に与える引数の宣言は『●(Nを)二倍処理とは』となっており、「2を二倍処理」や「10を二倍処理」のように記述できることを意味します。そして、2では定義した関数を実際に使って結果を表示しています。

掛け算を行う関数を定義してみよう

もう1つ、簡単な関数を定義する例を確認してみましょう。以下のプログラムは掛け算を行う『掛け算処理』という関数を定義したものです。見てみましょう。

file: src/ch3/kansu_kakezan.nako3

```
# 関数を定義 --- 1
●(AにBを)掛け算処理とは
    それはA×B。
ここまで

# 関数を使う --- 2
2に3を掛け算処理して表示。
5に10を掛け算処理して表示。
9に3を掛け算処理して表示。
```

プログラムを実行してみましょう。すると次のように表示されます。正しく掛け算が行われていますね。

```
6
50
27
```

プログラムの❶では『掛け算処理』という関数を定義します。なお『掛け算処理』という関数の名前がちょっと変ですが『掛け算』という関数がすでに定義されているため『掛け算処理』という名前にしました。なでしこの標準関数には「＊＊処理」という関数は定義されていないので安心して名前に使えます。この関数の引数は『AにBを』となっており、❷の関数の呼び出し部分では『2に3を掛け算処理』のように記述できます。

✻ ジャンケンゲームを作ってみよう

関数の良さが分かるのは、それなりに長いプログラムを作った時です。そこで、得点付きのジャンケンゲームを作って関数の良さを体験しましょう。

file: src/ch3/game_janken.nako3

```
# 変数の初期化 --- ❶
得点は0
終了フラグはオフ
手説明は「{改行}0:✊グー, 1:✌チョキ ,2:✋パー{改行}」
タイトルは「
―――――――――――――――――――――――――
✊✌✋ ジャンケンゲーム ✊✌✋
―――――――――――――――――――――――――
」

# 繰り返しゲームを遊べるよう繰り返す --- ❷
(終了フラグ＝オフ) の間繰り返す
    ジャンケンゲーム実行。
    終了判定。
ここまで。

# 数当てゲームを実行する関数 --- ❸
●ジャンケンゲーム実行とは
    相手=3の乱数 --- ❹
    「{タイトル}いざ勝負！ {手説明}どれを出す？」と尋ねて自分に代入。
    状況＝「{タイトル}自分は{自分の手取得}、相手は{相手の手取得}{改行}」
    判定＝(自分-相手+3)%3 # --- ❺
```

```
    もし、判定が0ならば
        「{状況}あいこです。」と言う。
    違えば、もし、判定が1ならば
        得点＝得点 - 1
        もし、得点が0以下ならば、得点は0
        「{状況}負け😭 -1点」と言う。
    違えば、もし、判定が2ならば
        得点＝得点+3。
        「{状況}勝ち😀 +3点」と言う
    ここまで。
ここまで。

# 終了するか尋ねる関数 --- 6
●終了判定とは
    「{タイトル}現在{得点}点。ゲームを続けますか？」と二択。
    もし、それがキャンセルならば、終了フラグ＝オン。
ここまで。

# ジャンケンの手を返す --- 7
●(番号の)手取得とは
    もし、番号が0ならば、それは「✊グー」
    もし、番号が1ならば、それは「✌チョキ」
    もし、番号が2ならば、それは「✋パー」
ここまで。
```

プログラムを実行すると、ジャンケンゲームが始まります。このゲームではジャンケンの手を数字で管理します。グーが0番、チョキが1番、パーが2番を表します。それで、自分の出す手を選んで数字を入力ます。勝てば3点プラス、負けたら1点マイナスです。何度も繰り返し遊べます。なお、途中で飽きてしまったら［キャンセル］ボタンを押すことで中断できます。

nadesi.com の内容

✊✌✋ ジャンケンゲーム ✊✌✋

いざ勝負！
0:✊グー, 1:✌チョキ ,2:✋パー
どれを出す？

2

キャンセル OK

いざジャンケン勝負、手を0から2の数字で入力

nadesi.com の内容

✊✌✋ ジャンケンゲーム ✊✌✋

自分は✋パー、相手は✊グー
勝ち😀 +3点

OK

勝ったら+3点

nadesi.com の内容

✊✌✋ ジャンケンゲーム ✊✌✋

自分は✋パー、相手は✌チョキ
負け😱 -1点

OK

負けたら-1点

nadesi.com の内容

✊✌✋ ジャンケンゲーム ✊✌✋

現在2点。ゲームを続けますか?

キャンセル　OK

飽きるまで何度でも繰り返し遊べる

プログラムを確認してみましょう。プログラムの冒頭1では、プログラム中で使う変数をまとめて初期化します。なお「初期化」というのは、プログラム内で使ういろいろな変数や機能について、最初に使う値を指定しておく処理のことです。プログラムの最初にまとめて初期化の処理を書くことでそのプログラム全体の修正が容易になります。ここでは、ゲームの点数を管理する変数『得点』、ゲームの終了を判定する『終了フラグ』、ジャンケンの手がどの数字を表すか説明用の変数『手説明』、ゲームのタイトルに使う変数『タイトル』と4つの変数を用意しました。

2では『間繰り返す』構文を使って繰り返しゲームを進行します。何回目の繰り返しで競争の勝負が終わるか分かりません。そこで変数『終了フラグ』がオフである間繰り返すように指定します。

3では関数『ジャンケンゲーム実行』を定義します。この関数は2から繰り返し呼び出されます。相手を決めるには『乱数』関数を使います(4)。

そして、5ではジャンケンの勝敗判定を計算で求めて、勝敗結果に応じて得点を加減して結果をダイアログに出します。ここでジャンケンの勝敗判定を行う計算を見てみましょう。

[ジャンケンの公式]

判定結果＝(自分－相手＋3)％3
なお、判定結果が0ならあいこ、1なら負け、2なら勝ち

まず、このゲームではジャンケンの手を数値で表現しています。0なら「グー」、1なら「チョキ」、2なら「パー」です。そのため、自分の手と相手の手を引いたとき0ならあいこであることが分かると思います。そして、3を足して3で割った余りを求めることで、勝ちと負けを判定できるのです。このような簡単な計算式でジャンケンの勝敗を判定できるのは面白いですね。

6でゲームを終了するかどうかを『二択』関数でユーザーに質問します。そして、キャンセルボタンが押されたら、変数『終了フラグ』をオンにします。これにより、2の繰り返し処理で条件が偽になるのでゲームが終了します。

7で定義した『手取得』関数では、引数の番号を調べて、それに応じたジャンケンの手の説明を返します。

プログラムを改めて眺めてみてください。関係する処理を関数にまとめたことで、何をする処理なのか明らかになっています。また、ジャンケンの状況を表示するのに、自分の手と相手の手と両方表示する必要がありますが、関数『手取得』を定義したおかげで、繰り返し使う処理をまとめることができました。

Column

『もし』文でジャンケンを判定する方法

なお、前述のプログラムの5の部分にあるジャンケンの公式が分かりにくいという場合には、『もし』文を使って判定を行うこともできます。以下は、ジャンケンの判定のみを行うプログラムを記述したところです。

右のプログラムの1の赤字の部分を書き換えて動作を確認してみてください。このプログラムでは、ジャンケンのルールを明確に場合分けして記述しています。

file: src/ch3/janken_if.nako3

```
#ジャンケンの手と勝敗を数値で定義
グー＝0。チョキ＝1。パー＝2。
あいこ＝0。負け＝1。勝ち＝2。

#自分と相手の手を指定
グーとチョキでジャンケン判定して勝敗表示。 --- 1

●(自分と相手で)ジャンケン判定とは
    もし、自分＝相手ならば、それはあいこ。
    もし、自分がグーならば
        もし、相手がチョキならば、それは勝ち。
        もし、相手がパーならば、それは負け。
    ここまで。
    もし、自分がチョキならば
        もし、相手がパーならば、それは勝ち。
        もし、相手がグーならば、それは負け。
    ここまで。
    もし、自分がパーならば
        もし、相手がグーならば、それは勝ち。
        もし、相手がチョキならば、それは負け。
    ここまで。
ここまで。

●(N)の勝敗表示とは
    もし、N＝0ならば「あいこ」と表示。
    もし、N＝1ならば「負け」と表示。
    もし、N＝2ならば「勝ち」と表示。
ここまで。
```

まとめ

以上、ここでは関数を自分で定義する方法を紹介しました。関数を使うと処理に名前をつけてまとめることができるので、プログラムが分かりやすくなります。また引数に応じて処理を変えることができるので、似て非なるプログラムもまとめて記述することができます。

Chapter 3-07

幾何学模様を描画してみよう

本節ではプログラミングの基本とも言える制御構文について学んできました。本章の最後に、いろいろな図形を描画して制御構文について復習してみましょう。実際のプログラムを見て理解を深めましょう。

ここで学ぶこと　タートルグラフィックス / 制御構文

図形を描画して制御構文を復習しよう

ここでは最初に図形を紹介しますので、どのようにその図形を描画できるのか自分で考えてみてください。

なお、なでしこ簡易エディタでは描画領域が狭くて描画能力を発揮できません。そんな時は、なでしこ3貯蔵庫のエディタが使えます。このエディタでは図形を描画するキャンバスのサイズを自由に変更できます。

なでしこ3貯蔵庫 > 新規作成
[URL] https://nadesi.com/v3/new

エディタを開き実行ボタンの右側にあるキャンバスの幅と高さの設定を変更します。本節ではサイズを大きめの幅800×高800に変更して試してみましょう。

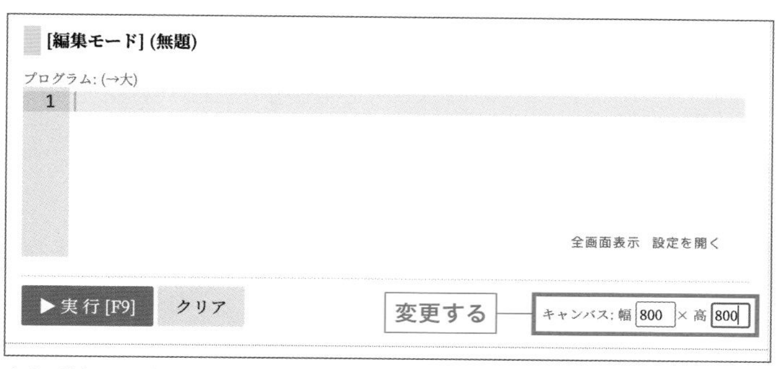

実行ボタンの右側にキャンバスサイズの指定がある

✱目が回る?トンボに見せたい図形

最初に『N回繰り返す』構文を使って、目がまわりそうな図形を描画してみましょう。

どのようにしたら、この図形を描画できるでしょうか。ポイントはカメが進む距離を少しずつ伸ばしていくと、このような図形になります。

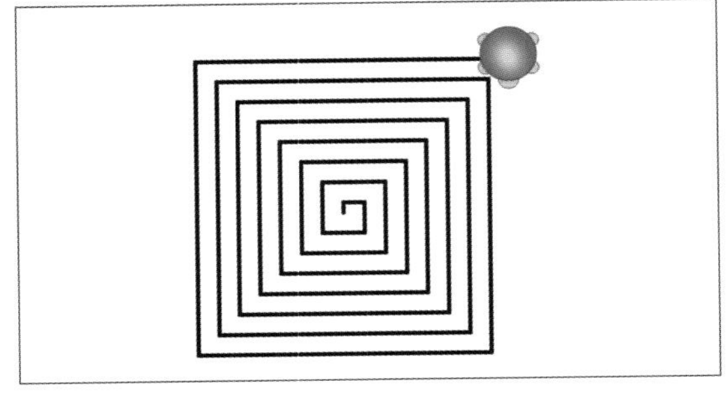

目が回りそうな図形

答えを見てみましょう。右のようなプログラムになります。

プログラムのポイントは❶の部分です。進む距離を増やすことで線が重ならずグルグルとした図形を描画できます。

file: src/ch3/guruguru.nako3

```
W=10
カメ作成
30回繰り返す
    Wだけカメ進む
    90だけカメ右回転
    W=W+10 # --- ❶
ここまで。
```

これに少し手を加えて、カメ右回転の角度を90よりも小さくすると丸に近づきます。

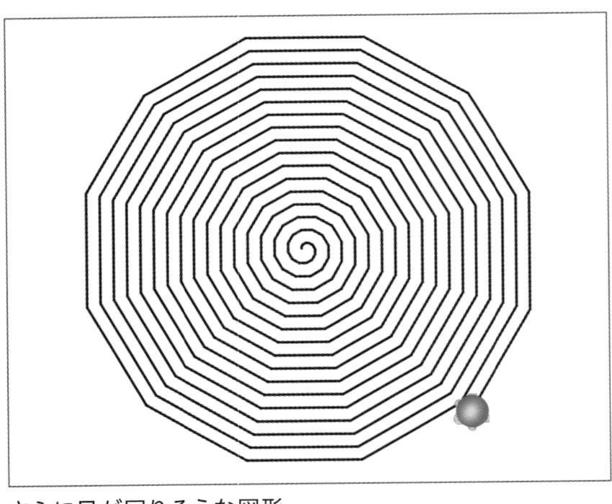

さらに目が回りそうな図形

これを描画するには右のようなプログラムになります。カメをもっと早く動かしたいという時には『Nにカメ速度設定』を使えます(❶)。Nに0を指定すると最速で図形を描画します。

file: src/ch3/guruguru2.nako3

```
W=3
カメ作成
1にカメ速度設定 --- ❶
200回繰り返す
    Wだけカメ進む
    360÷12だけカメ右回転
    W=W+1
ここまで。
```

星マークを描画してみよう

次に星マークを描画してみましょう。ここでは右のような星☆マークを描画することを考えてみましょう。どのように描画したら良いでしょうか。

ヒントは星の五つの角の部分が円一周(360度)を5で割った角度の半分である36度(=360÷5÷2)になっている点です。この点を踏まえて考えてみましょう。

また、カメの回転方向を変えるのに『(角度)だけカメ右回転』だけでなく、左向きに回転する『(角度)だけカメ左回転』が使えます。ただし『カメ右回転』の引数に負数(0以下)の値を与えることで、カメ左回転と同じ動作をさせることもできます。

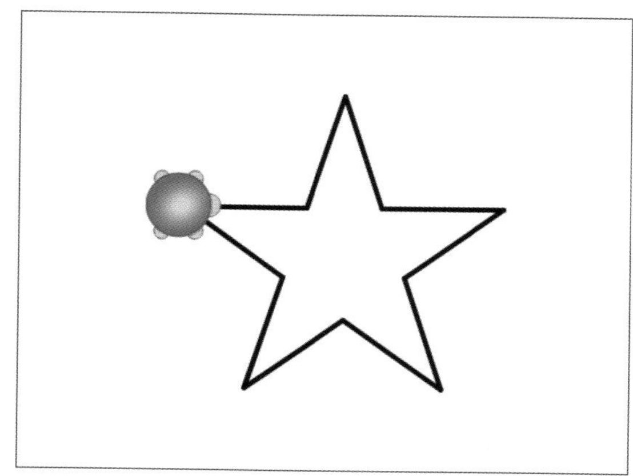

星マークを描画したところ

答えのプログラムは右のようになります。

file: src/ch3/star.nako3

```
W=100
N=5
カメ作成。
90だけカメ右回転。
N回
    Wだけカメ進む
    (360÷N)だけカメ左回転 --- 1
    Wだけカメ進む
    (360÷N×2)だけカメ右回転
ここまで。
```

どうでしょうか。このように『カメ左回転』(1)と『カメ右回転』を組み合わせることで綺麗に星を描画することができます。星マークの各曲がり角の角度を考えていくと描画できることが分かります。

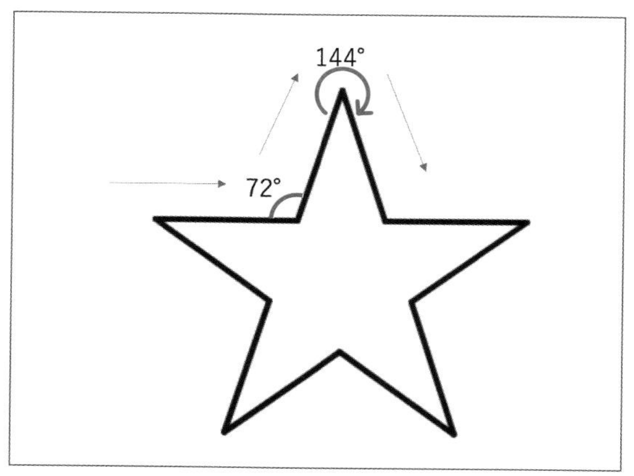

星マークの角度について

✿ 六角形を回転させて花を描こう

次に描画したいのは、花にも似た右のような幾何学模様です。とても複雑そうな気がします。

しかし、この図形ですが実は六角形を少しずつずらして描画したものです。六角形を描画し10度傾けてまた六角形を描画するという手順で描画できます。そのため、それほど複雑なものではありません。

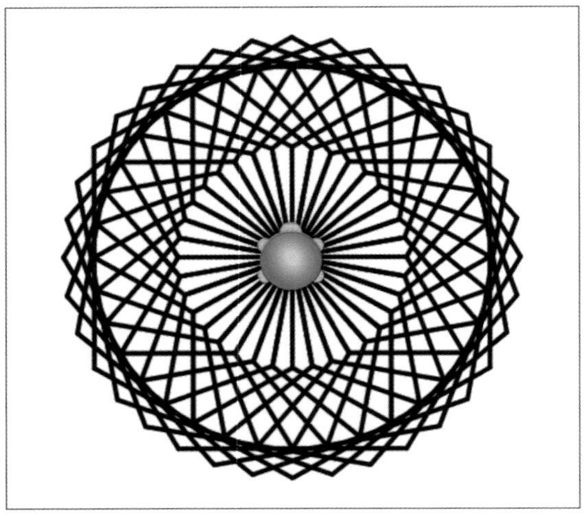

花のような模様

答えのプログラムは右の通りです。

上記のプログラムでは『六角形描画』という関数を定義し、この関数を36回10度ずつ傾けて描画するようにしています。

file: src/ch3/kikagaku36.nako3

```
カメ作成。
1にカメ速度設定。
36回
    六角形描画
    10だけカメ右回転。
ここまで。

●六角形描画とは --- 1
    6回繰り返す
        100だけカメ進む
        (360÷6)だけカメ右回転。
    ここまで。
ここまで。
```

まとめ

以上、ここではいくつか簡単な幾何学模様を描画してみました。それぞれ模様の形は異なりますが、いずれも繰り返し構文を利用していました。単純な図形でも繰り返すことで複雑な模様を描画できます。制御構文の練習として、いろいろ試してみましょう。

Column

「線描画」命令で碁盤を描画してみよう

画面に線を描画したい場面があります。なでしこでは『線描画』命令を使います。まずは『線描画』命令の使い方を確認してみましょう。次の書式で使います。

書式 線を描く

```
[x1, y1] から [x2, y2] まで線描画。
```

上記の書式で記述すると、座標[x1, y1]から[x2,y2]へ直線を描画します。xは横方向、yは縦方向を意味しています。

なお、指定する座標ですが、画面の左上が[0, 0]です。そして右下に行くほど座標が大きくなります。コンピューターで図を描くときは、大抵このような座標系になっているので覚えておくと良いでしょう。

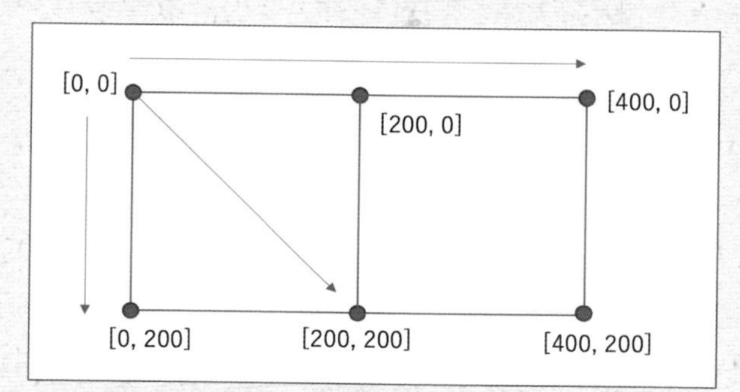

座標系の説明 - 右下ほど値が大きくなる

簡単な線を描画してみよう

簡単に『線描画』命令を使ってみましょう。線を3本つなげてZ型の図形を描画するプログラムを作ってみましょう。

file: src/ch3/line.nako3

```
[50, 50] から [200, 50] へ線描画。
[200, 50] から [50, 200] へ線描画。
[50, 200] から [200, 200] へ線描画。
```

プログラムを実行すると、右のようなZの図形が描画されます。

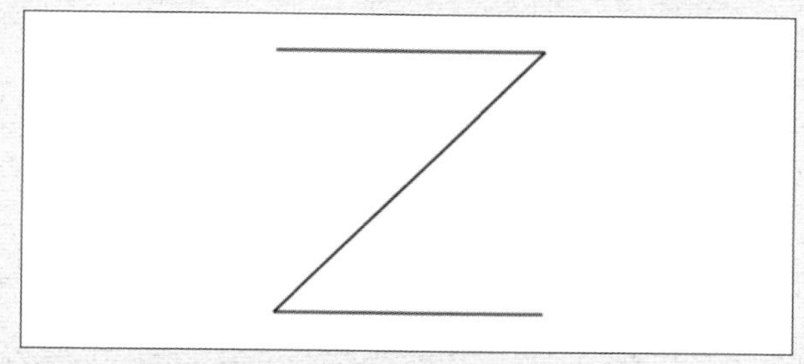

線描画を使ってZ型の図形を描いたところ

たくさん線を描画してみよう

それでは、Chapter 3で学んだ『繰り返す』構文と組み合わせて、たくさんの線を描画してみましょう。以下のプログラムを実行すると30本の縦線を描画します。

file: src/ch3/sen_takusan.nako3

```
Nを1から30まで繰り返す
    # 座標を計算 --- ❶
    X=10×N
    # 線を描画 --- ❷
    [X, 0]から[X,300]まで線描画。
ここまで。
```

プログラムを実行すると、以下のような直線が30本描画されます。

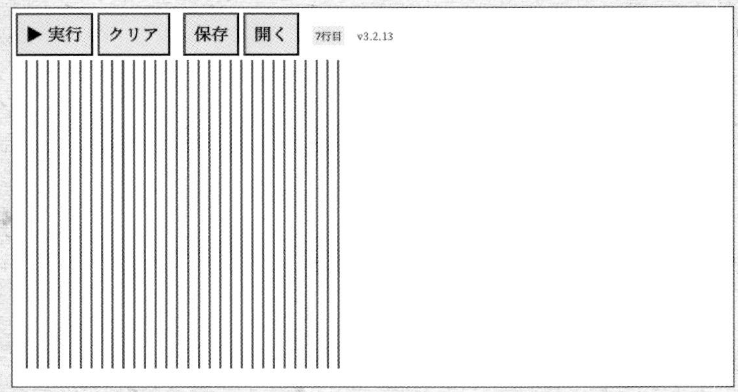

▶ 実行　クリア　保存　開く　7行目　v3.2.13

線を30本描画したところ

プログラムを見てみましょう。❶では『繰り返す』文の中で、描画先の座標を計算して、変数Xに代入します。ここでは、10ピクセル間隔で線を引くように指定しています。そして、❷で実際に線を描画します。

[チャレンジ] 碁盤を描画してみよう

上記のプログラムを応用して碁盤を描画するプログラムを作ってみましょう。碁盤とは囲碁に使う正方形の盤です。盤の上面には縦横に直線が描かれ、直線が交わる部分に碁石を配置していきます。

一般的な碁盤では縦19本、横19本の線を引いたものとなっていますので、『繰り返し』文を使って線を描画してみましょう。

file: src/ch3/goban.nako3

```
# 設定を行う --- 1
間隔=15
盤幅=間隔×19
# 縦線のために繰り返す --- 2
Xを1から19まで繰り返す
    # 実際の座標を計算して描画 --- 3
    XX=間隔×X
    [XX, 間隔]から[XX,盤幅]まで線描画
ここまで。
# 横線のために繰り返す --- 4
Yを1から19まで繰り返す
    YY=間隔×Y
    [間隔, YY]から[盤幅, YY]まで線描画
ここまで
```

プログラムを実行すると次のように縦横19本ずつの線が描画されます。こうした線を『繰り返す』構文なしで描画するのは大変ですよね。

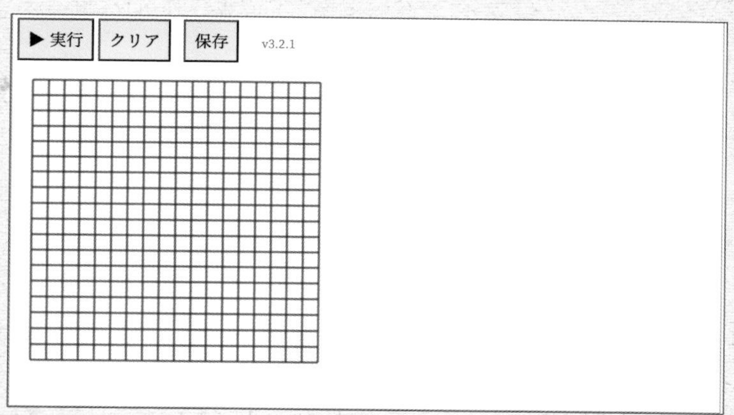

碁盤を描画したところ

プログラムを見てみましょう。プログラムの冒頭1では線と線の間隔を表す変数『間隔』と、碁盤の右端と下端を表す変数『盤幅』に値を設定します。

そして、2以降の部分で『繰り返す』構文を使って縦線を描画します。

3以降の字下げされた部分は繰り返し実行される部分です。ここでは、実際の座標を計算して線を描画します。

4の部分は横線を描画するための繰り返しです。縦線を引く2以降の部分と線の向きが違うだけで基本的には同じです。

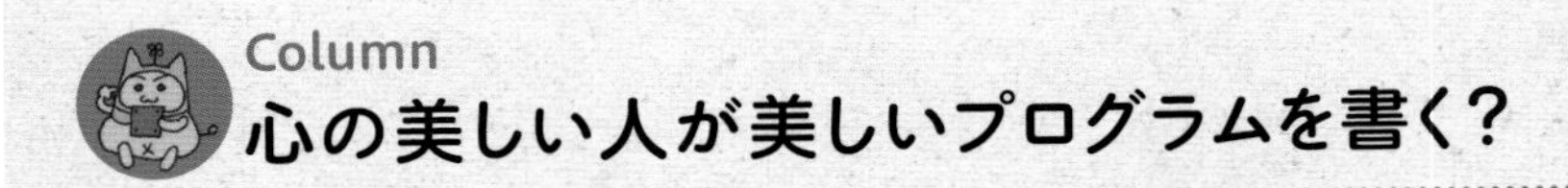

Column

心の美しい人が美しいプログラムを書く?

きれいな字を書く人には憧れるものです。きれいな字の手紙をもらうと気持ちが良く「心の美しい人なんだろうな」と思います。相手に敬意も払いたくなりますね。それと同じように美しいプログラムを書く人のことは信頼できます。

もちろんプログラムを作る目的は、楽しいゲームを作ったり、便利なツールを作ったり、仕事を片付けることだったりと、実務的な面が大きいものです。しかし、美しいプログラムを作ることが、結果的にバグのない質の高い良いプログラムに関係しています。

なお、プログラムは1回作って終わりということは少ないものです。2度あることは3度あると言いますが、作ったプログラムを改良して別の仕事に使うことも多いのです。そこで、プログラムを作るときには、次回プログラムを修正することのことも考えて作ると良いでしょう。美しさを心がけてプログラムを作るなら、プログラムの意図が明確になり、後から変更がしやすいプログラムになります。そして、変更がしやすいプログラムとは結果的に「美しいプログラム」になります。

美しいプログラムは、他人がそのプログラムを読んだ時に意味が明確に分かるプログラムです。具体例を挙げると、変数名が分かりやすいこと、意味のあるまとまりごとに処理が関数にまとまっていること、他人が読んで意味が分かるようにコメントが入っていることなどです。このように特別なことをしなくても、基本的なポイントさえ押さえていれば「美しいプログラム」を作れます。そして、美しいプログラムを書く人は、みんなから信頼されることでしょう。

Chapter 4

データ処理について

続けて、プログラミング言語で重要な要素である
「配列変数」や「辞書型変数」を活用する方法を学びます。
また同時にブラウザさえあれば誰でも使える
便利なツールを作ってみましょう。

Chapter 4-01

配列変数で商品の合計金額を求めよう

配列変数を使うと1つの変数の中に複数の値を代入できます。その際、番号を使って値を出し入れします。配列変数が使えると複数の値を効率的に処理できるので便利です。ここでは配列変数について紹介します。

ここで学ぶこと　配列変数

配列変数について

プログラミングでは、たくさんのデータを扱うことも多くあります。そのとき、それらたくさんのデータを1つずつの変数で扱うのは無理があります。たくさんのデータを一元化した手法で操作できたら（つまり、データをまとめて操作できたら）便利です。そこで配列変数と呼ばれる機能を使います。

Hint

配列変数をほかのプログラミング言語で言うと？

なでしこの配列変数は他のプログラミング言語では「リスト」とか「Array」と呼ばれるものに相当します。

配列変数を使うと、1つの変数の中に複数のデータを代入することができます。以前「変数」を箱に例えましたが、配列変数は、中に仕切りがあり、たくさんのデータを入れることのできる箱と言うことができます。

なお、配列変数ではそれぞれのデータのことを「要素（ようそ）」と言います。

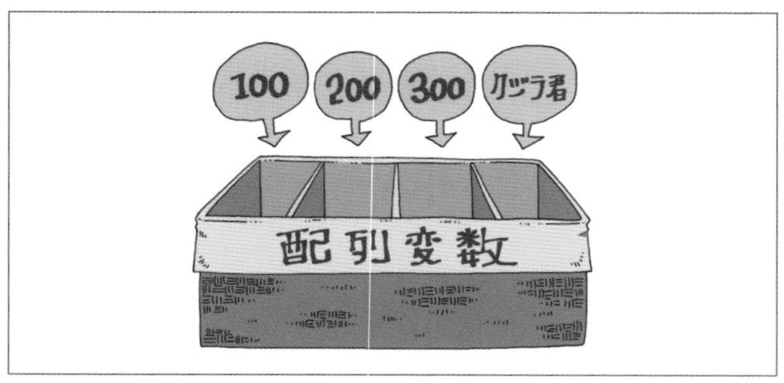

配列変数とはたくさんのデータを入れることのできる箱

配列変数の使い方

配列変数を使うには、配列変数を**初期化**する必要があります。配列変数の初期化は次のように記述します。複数の値を代入できるので、代入したい値をカンマで区切っていくつでも指定できます。

書式 配列変数の初期化

```
変数名＝[初期値1,初期値2,初期値3 ... ]
```

簡単な例で変数Aに30と50と100という3つの値を代入してみましょう。以下のように記述します。

```
# 配列変数の初期化例
A = [30, 50, 100]
```

Memo

[…] の入力方法について

なお角カッコ […] を入力するには、半角/全角キーを押して半角英数モードにして、Enterキーの左にある[キーを押します。ちょうどカギカッコを入力するキーと同じです。

そして角カッコの代わりに、すみ付きカッコの「【…】」を使うこともできます。こちらは、日本語入力モードにした状態でカギカッコを入力し変換キーを押すと変換できます。

次に配列変数に値を個別に代入したり、値を取得する方法を確認してみましょう。要素番号を指定することで個別の要素のデータを出し入れできます。なお、要素番号は1からではなく**0から始まる**点に注意しましょう。

書式 値を代入

```
変数名[要素番号] = 値
変数名@要素番号 = 値
```

書式 値を参照

```
変数名[要素番号]を表示
変数名@要素番号を表示
```

ちなみに、「**変数名[番号]**」と書くところを「**変数名@番号**」と書くこともできます。他のプログラミング言語では「変数名[番号]」と書くことが一般的ですが、「変数名@番号」を使う方が手軽に記述できるので状況に応じて使い分けると良いでしょう。

✻ 実際に配列変数を試してみよう

それでは、実際に配列変数を使ってみましょう。なでしこの簡易エディタに右のプログラムを記述して実行してみましょう。

✎ **file: src/ch4/hairetu.nako3**

```
A = [30, 50, 80, 50]
A[0] を表示。
A[2] を表示。
```

プログラムを実行すると、配列変数Aを初期化して、0番目の要素と2番目の要素を表示します。

```
A = [30, 50, 80, 50]
A[0]を表示。
A[2]を表示。
```

▶ 実行　クリア　保存　開く　v3.2.4

```
30
80
```

配列変数を初期化して0番目と2番目の内容を表示したところ

続けて、配列変数の内容を書き換えてみましょう。右は0から数えて2番目の要素を100に変更して表示します。

✎ **file: src/ch4/hairetu_dainyu.nako3**

```
A = [30, 50, 80, 50]
#（0から数えて）2番目の要素を書き換える
A[2] = 100
A[2] を表示。
```

プログラムを実行してみましょう。正しく書き換わっています。

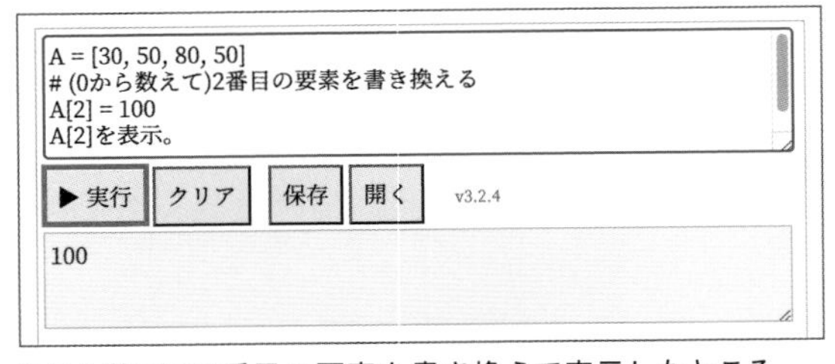

0から数えて2番目の要素を書き換えて表示したところ

Memo
空っぽの配列変数を作る方法

もし空の配列変数を作りたければ以下のように、角カッコ「[」と角カッコ閉じる「]」を記述します。

```
# 空っぽの配列変数を定義する例
変数名 = [ ]
```

繰り返し文と組み合わせてみよう

配列変数を使って便利な点は『繰り返し』構文と組み合わせることができる点にあります。繰り返し配列変数の各要素を処理することができるのです。

file: src/ch4/hairetu_kurikaesi.nako3

```
点数一覧 = [30, 50, 80, 120]
Nを0から3まで繰り返す
    点数一覧[N]を表示。
ここまで。
```

すると、次のように表示されます。

```
30
50
80
120
```


商品の金額を合計してみよう

上記のように、繰り返し文を使うと、配列変数の内容を一気に処理できます。もう少し実用的な例で考えてみましょう。

問題

『繰り返す』で商品金額の合計を求めよう

ある人は、300円、210円、800円、600円の商品を買いました。配列変数を使って、商品の合計を求めてみてください。

配列変数に商品の金額一覧を代入して、その後、『繰り返す』文を使うことで合計金額を求めることができます。

file: src/ch4/goukei.nako3

```
商品一覧＝[300,210,800,600]
合計金額＝0
Nを0から3まで繰り返す
    合計金額＝合計金額＋商品一覧[N]
ここまで。
「合計は{合計金額}円です。」と表示。
```

プログラムを実行してみると、下記のように表示されます。

```
合計は1910円です。
```

正しく合計金額を求めることができました。

要素数を使って繰り返し回数を自動で指定しよう

しかし、上記のプログラムだと配列変数の要素数を変えた場合、繰り返しの回数を毎回書き直す必要があります。そのような時に使える『Aの要素数』という関数があります。この関数は配列変数の要素数を調べるものです。これを使ってプログラムを作ってみましょう。実行結果は上のプログラムと同じです。

file: src/ch4/goukei2.nako3

```
商品一覧＝[300,210,800,600]
商品一覧の要素数を商品個数に代入。# --- 1
合計金額＝0
Nを0から(商品個数-1)まで繰り返す # --- 2
    合計金額＝合計金額＋商品一覧[N]
ここまで。
「合計は{合計金額}円です。」と表示。
```

プログラムのポイントは1の『要素数』です。配列変数『商品一覧』にいくつの要素があるかを調べて、変数『商品個数』に代入します。これによって、2の繰り返し文に具体的な回数を指定することなく合計金額を求めることができます。なお、プログラムで(商品個数-1)と書いていますが、配列変数の要素番号が0から始まっているので末尾の要素の番号は(要素数-1)となるのです。

まとめ

ここでは配列変数について紹介しました。配列変数を使うと複数のデータを1つの変数で管理できます。本節後半で紹介したように、『繰り返す』文などで使えば、一度に複数の値を処理できるのでとても便利です。

Chapter 4-02

辞書型変数でアンケートを集計しよう

Chapter 4-1で配列変数を紹介しました。これは1つの変数の中にたくさんのデータを代入できました。これに似たデータ型に辞書型変数があります。配列変数は番号でデータを出し入れしましたが、辞書型変数は文字列のキーでデータを出し入れできます。

ここで学ぶこと 辞書型変数

辞書型変数について

辞書型変数を使うと配列変数と同じように、1つの変数の中に複数のデータを代入できます。配列変数と辞書型変数の違いは、どのようにデータを取り出すかという点です。配列変数では0番から始まる要素番号を指定してデータを取り出しましたが、辞書型変数ではキー（任意の文字列）を指定してデータを出し入れできます。

p.122で配列変数を仕切りのある箱に例えましたが、辞書型変数は、名前のラベルがついていて、すぐに資料を選び出すことができる整理箱のようなものと言えます。例えば、箱の中からナデシコくんの資料を出そうとしたとき、ラベルが付いているのでさっと資料を取り出せます。

辞書型変数はラベルのついた整理箱のようなもの

Hint
辞書型変数をほかのプログラミング言語で言うと?

この「辞書型変数」は、他のプログラミング言語では「ハッシュ」とか「連想配列」「マップ」と呼ぶことがあります。なお、なでしこ1でも「ハッシュ」と呼んでいましたが、より一般的な「辞書型変数」と改めました。

辞書型変数の使い方

辞書型変数には複数のデータを代入できるのですが、その際、キーと値を指定して代入します。このキーが先ほど説明した「ラベル」にあたるものです。そして、以下のような書式で指定します。配列変数では要素を [ ] で囲んでいましたが、辞書型変数では { }(波カッコ)で囲みます。

書式　辞書型変数を初期化する

```
変数名 = {
    キー1: 値1,
    キー2: 値2,
    キー3: 値3,
    ...
}
```

実際に簡単な例で使い方を確かめてみましょう。あるクラスの国語の点数を辞書型変数で表現してみます。

```
# 辞書型変数を初期化する例
国語点数 = {
    「三菱」: 80,
    「豊田」: 73,
    「鈴木」: 59
}
```

そして、特定の値を取り出すには、以下のように指定します。番号の部分に文字列を指定するだけで配列変数の書き方と同じですね。

書式　辞書型変数からキーの値を取り出す

```
変数名[「キー」]を表示。
```

値の代入は以下のようにします。ポイントはキーと値を組（セット）で指定するという点です。

書式 辞書型変数のキーに値を代入する

```
変数名[「キー」]＝値
```

角カッコとカギカッコが入り混じるので冗長な感じがするでしょうか。そこで、なでしこではアットマーク（@）を使って以下のようにして参照と代入ができるようにしています。

書式 辞書の要素の参照と代入（@を使う方法）

```
変数名@「キー」を表示。
変数名@「キー」＝値
```

辞書型変数の簡単な利用例

それでは、簡単に辞書型変数を使ってみましょう。ここでは辞書型変数を使ってあるクラスの国語の点数を表してみました。その中から鈴木さんの点数を取り出して表示してみましょう。

file: src/ch4/jisyo.nako3

```
# 辞書型変数を初期化
国語点数 = {
    「三菱」: 80,
    「豊田」: 73,
    「鈴木」: 59
}

# 鈴木さんの点数を表示
国語点数@「鈴木」を表示。
```

プログラムを実行すると、辞書型変数『国語点数』を初期化し、その中の要素『鈴木』を参照して表示します。以下のように表示されます。

```
59
```

続けて、辞書型変数の要素への代入の例を見てみましょう。変数『国語点数』を初期化した後で、点数が間違っていたことが分かったので修正します。本当は鈴木さんの点数は66点でした。値を変更して画面に点数を表示してみましょう。

file: src/ch4/jisyo_dainyu.nako3

```
# 辞書型変数を初期化
国語点数 = {「三菱」: 80,「豊田」: 73,「鈴木」: 59}

# 点数を修正
国語点数@「鈴木」＝66
# 鈴木さんの点数を表示
国語点数@「鈴木」を表示。
```

プログラムを実行すると以下のように表示されます。正しく値が変更されています。

```
66
```

Memo
辞書型変数の初期化は1行で書ける

辞書型変数の初期化は、必ずしも「jisyo.nako3」のように要素ごとに改行する必要はなく、上記の「jisyo_dainyu.nako3」のように1行にいくつもの要素を指定して初期化できます。

旧暦の月名を調べるプログラムを作ってみよう

辞書型変数を使ったプログラムを作ってみましょう。日本では明治5年まで太陰暦で暦を表していました。その際、毎月の呼び名も現在のように数字を使っていませんでした。例えば、12月を旧暦では「師走（しわす）」と言いました。ここでは、旧暦の月名（和風月名）を入力すると、現在の何月かを表示するプログラムを作ってみましょう。

file: src/ch4/jisyo_tuki.nako3

```
# 旧暦の月名を辞書型変数で定義
和風月名 = {
  "睦月": "1月", "如月": "2月", "弥生": "3月",
  "卯月": "4月", "皐月": "5月", "水無月": "6月",
  "文月": "7月", "葉月": "8月", "長月": "9月",
  "神無月": "10月", "霜月": "11月", "師走": "12月"
}

# 月名の入力を得る
「旧暦の月名は？」と尋ねて月名に代入。
```

```
# 辞書型変数「和風月名」から何月かを得る
答え＝和風月名＠月名
「{月名}は{答え}です。」と表示。
```

プログラムを実行してみましょう。例えば「神無月（かんなづき）」と入力してみましょう。すると「神無月は10月です」と表示されます。

nadesi.com の内容
旧暦の月名は？
神無月
キャンセル OK

「神無月」を入力してみよう

▶実行 クリア 保存 開く 14行目 v3.2.12
神無月は10月です。

すると10月であることが分かる

同様に「師走」と入力すると「師走は12月です」と表示されます。

▶実行 クリア 保存 開く 14行目 v3.2.12
師走は12月です。

師走は12月

このようなプログラムを見ると、辞書型変数を活用すると、実際の辞書のような使い方もできることが分かるでしょう。辞書のように見出し語（キー）を指定して、辞書の項目（データ）を引くことができるので、辞書型変数と呼ばれています。

Memo
空っぽの辞書型変数の作り方

ちなみに、空っぽの辞書型変数を作成することもできます。要素の何もない辞書型変数を作るには以下のように、波カッコ「{」と波カッコ閉じる「}」を記述します。

```
国語点数 = {}
```

✻ 辞書型変数を操作しよう - 一覧を得る

ここまで紹介したように、辞書型変数には複数のキーと値の組み合わせが代入されています。そのため、辞書型変数に入っているキーの一覧を知りたい場面も多くあります。キーの一覧を得るには、『辞書キー列挙』関数を使います。

書式 **辞書型変数のキーの一覧を得る**

```
変数の辞書キー列挙
```

実際に使ってみましょう。以下は、太陽系の惑星の半径を辞書型変数として定義したものです。こうして見ると太陽は大きいですね。ここでは、辞書型変数『半径辞書』のキーの一覧（つまり惑星の一覧）を表示します。

file: src/ch4/jisyo_rekkyo.nako3

```
# 辞書型変数を宣言
半径辞書 = {
    「太陽」:696000,
    「地球」:6371,
    「木星」:69911,
    「土星」:58232,
    「火星」:3390,
}
# 半径辞書の一覧を表示
半径辞書の辞書キー列挙して表示。
```

プログラムを実行すると、辞書型変数のキーの一覧が得られ、以下のように表示されます。

```
太陽,地球,木星,土星,火星
```

辞書型変数の操作 - キーがあるか確認

辞書型変数に任意のキーがあるかどうかを調べるには『辞書キー存在』を使います。

書式 **キーがあるか確認する**

```
変数にキーが辞書キー存在
```

次は辞書型変数『点数辞書』に鈴木さんと日村さんが存在しているかを確認するプログラムです。

file: src/ch4/jisyo_sonzai.nako3

```
# 辞書型変数を初期化
点数辞書 = {「三菱」: 80,「豊田」: 73,「鈴木」: 59}

# 鈴木さんを確認
もし、点数辞書に「鈴木」が辞書キー存在するならば
　　「鈴木さん：{点数辞書@『鈴木』}点」と表示。
違えば
　　「鈴木さん: 存在しない」と表示。
ここまで。
# 日村さんを確認
もし、点数辞書に「日村」が辞書キー存在するならば
　　「日村さん：{点数辞書@『日村』}点」と表示。
違えば
　　「日村さん: 存在しない」と表示。
ここまで。
```

プログラムを実行すると以下のように表示されます。

```
鈴木さん: 59点
日村さん: 存在しない
```


辞書型変数の操作まとめ

最後に、改めて辞書型変数の操作方法をまとめてみます。なお、任意のキーを削除するには『辞書キー削除』関数を使います。

書式	説明
変数@キーは値	辞書型変数のキーを値に書き換える
変数の辞書キー列挙	辞書型変数にあるキーの一覧を列挙する
変数にキーが辞書キー存在	キーが辞書型変数に存在するか確認
変数のキーを辞書キー削除	辞書型変数から指定のキーを削除する

アンケートを集計しよう

辞書型変数が便利なのは、任意の文字列を用いて値を出し入れできることです。この仕組みを使うならアンケートの集計などに活用できます。それでは辞書型変数を使って、簡単な問題を解いてみましょう。

問題

どの芸人が人気？アンケートを集計しよう

劇場にて若手芸人がコントで面白さを競いました。お客さんから受け取ったアンケートを並べたのが以下のデータです。ここでは、A,B,Cの3組が競いました。

```
C,B,A,B,B,B,C,B,B,A,C,B,C,B,B
```

このアンケートを集計して誰が一番面白かったのか調べてください。

【ヒント1】

まず、投票データが文字列なので一括で操作できるように、カンマで分割して配列変数に変換しましょう。文字列を任意の記号で分割するには『NをMで区切る』関数が使えます。

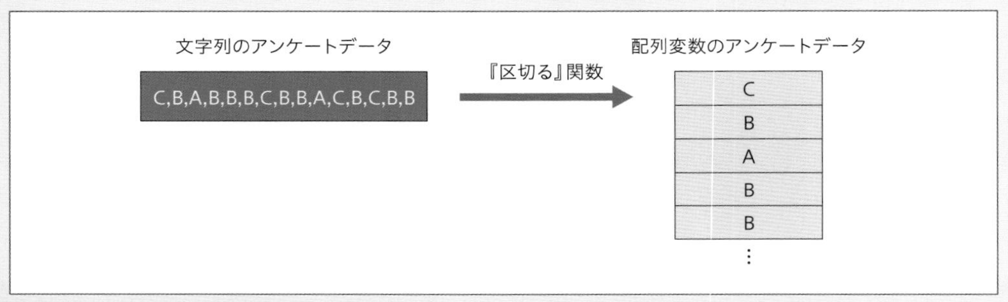

投票データを配列に変換して処理しよう

【ヒント2】

そして配列変数を『繰り返す』文で読んで辞書型変数を使ってカウントします。配列変数に対してどのような処理を行うのかを次のような図にしてみました。アンケートデータが入っている変数『対象配列』を1つずつ調べていくのですが、そのたびに、カウント用の辞書型変数『得票辞書』の要素の値を加算することでアンケートの集計ができます。

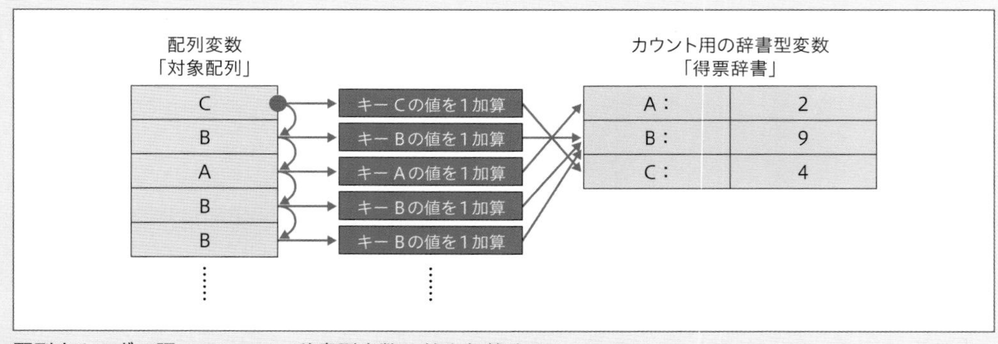

配列を1つずつ調べていって、辞書型変数の値を加算する

それではプログラムを作ってみましょう。アンケートデータを一つずつ調べて誰が何票得票したのかを調べます。繰り返し処理の部分がポイントです。ゆっくり1つずつ処理を追いかけてみましょう。

file: src/ch4/jisyo_ninki.nako3

```
# アンケートのデータ --- 1
対象データは「C,B,A,B,B,B,C,B,B,A,C,B,C,B,B」

# 配列に変換 --- 2
対象データを「,」で区切って対象配列に代入。

# 辞書型変数を初期化 --- 3
得票辞書は{"A":0, "B":0, "C":0}

# 繰り返す文で連続処理 --- 4
Nで0から((対象配列の要素数)-1)まで繰り返す
    誰＝対象配列[N]
    得票辞書@誰＝得票辞書@誰＋1
ここまで。

# 結果を表示 --- 5
「A:{得票辞書@"A"}票」を表示。
「B:{得票辞書@"B"}票」を表示。
「C:{得票辞書@"C"}票」を表示。
```

プログラムを実行してみましょう。正確な票数が取得できました。

```
A: 2票
B: 9票
C: 4票
```

プログラムを確認してみましょう。1ではアンケートで得た文字列データを変数『対象データ』に代入しています。このプログラムでは、このデータを集計します。しかし文字列のままでは集計が面倒です。

そこで、2で変数対象データをカンマ「,」で区切って変数『対象配列』に代入します。『区切る』関数を使うと任意の文字で区切ったものが配列変数になります。配列変数に変換すると『繰り返す』文で一括処理が可能になります。

3では辞書型変数『得票辞書』を初期化します。この変数は、各芸人が何票獲得したかをカウントするための変数です。ここでは、A,B,Cの3組なのでそれぞれ得票数を0で初期化します。

4では『繰り返す』文で配列変数を一括で処理します。配列変数を使うことで、手軽に繰り返し処理の中で集計ができます。繰り返し処理の中では、配列変数の各要素を変数『誰』に代入します。そして、カウント用の変数『得票辞書』の要素を1加算します。

そして、最後の5では各芸人の得票数を表示します。

もし動作が分かりづらい場合、配列変数から取り出した変数『誰』を画面に表示させて、1つずつ確かめみましょう。4から5の直前までの部分をコメントにして、以下のように書き換えて実行してみましょう。

```
Nで0から((対象配列の要素数)-1)まで繰り返す
    誰＝対象配列[N]
    得票辞書＠誰＝得票辞書＠誰＋1
    「誰：{誰} - 得票辞書：{得票辞書@誰}」を表示。# ←追加
ここまで。
```

すると、以下のように表示します。『繰り返す』文の中でどのように数値が変わっていくのかに注目してみてみましょう。するとプログラムの動きがよく分かります。

```
誰：C - 得票辞書：1
誰：B - 得票辞書：1
～～　省略　～～
誰：B - 得票辞書：7
誰：C - 得票辞書：4
誰：B - 得票辞書：8
誰：B - 得票辞書：9
```

まとめ

以上、辞書型変数について紹介しました。配列変数は番号（数値）で値を出し入れしましたが、辞書型変数ではキー（文字列）で値を出し入れします。どちらも複数のデータを入れておくことができるので便利です。辞書型変数の利用例としてアンケートの集計にも使えます。用途に応じて使い分けましょう。

Chapter 4-03

『反復』文で全商品を2割引にしよう

『反復』文を使うと、配列変数や辞書型変数を一気に操作できます。『繰り返す」文とできることは同じですが、より手軽に繰り返しが可能です。

ここで学ぶこと 『反復』文 / 配列変数 / 辞書型変数

『反復』文の働きについて

配列変数や辞書型変数を『繰り返す』文と合わせて使うと複数のデータに対して同一の操作ができます。しかし、『繰り返す』文を使う場合、配列変数の要素数や辞書型変数のキーの一覧を取得した上で使う必要がありました。しかし、『反復』文を使うなら、自動で要素数を取得して繰り返し処理を実行できます。

書式 『反復』文の使い方

```
変数を反復
    # ここに繰り返し処理を記述
ここまで
```

なお『反復』文では、変数『対象』や『対象キー』に変数の各要素が自動的に代入されるようになっています。

『反復』文を配列変数で使ってみよう

最初に『反復』文と配列変数を組み合わせて使ってみます。次は変数Aの各要素の内容を画面に表示するプログラムです。

file: src/ch4/hanpuku_hairetu.nako3

```
# 変数Aの内容を初期化
A = [30, 50, 20, 80]

# Aの各要素をすべて表示
Aを反復
    対象を表示。
ここまで。
```

プログラムを実行すると下記のように配列変数の全要素が表示されます。

```
30
50
20
80
```

ポイントは『反復』に指定した変数Aの各要素が変数『対象』に自動的に代入される点にあります。

『反復』文を辞書型変数で使ってみよう

次に辞書型変数で利用してみましょう。辞書型変数Dを初期化し、そのキーと値を画面に表示します。

file: src/ch4/hanpuku_jisyo.nako3

```
# 変数Dの内容を初期化
D = {"体力": 30, "知力": 20, "素早さ": 25}

# 変数Dの各要素をすべて表示
Dを反復
    「{対象キー}: {対象}」を表示。
ここまで。
```

プログラムを実行すると下記のように辞書型変数の全要素が表示されます。

```
体力: 30
知力: 20
素早さ: 25
```

配列と辞書型の混合データを処理しよう

なお、これまで配列変数と辞書型変数を分けて考えてきましたが、配列変数の中に辞書型変数を代入したり、辞書型変数の中に配列変数を代入したり、またそれらをさらに組み合わせて複雑なデータを表現することもできます。

ここで、復習として配列変数の初期化式と辞書型変数の初期化式を改めて確認してみます。以下のように、配列を表現するときは角カッコ [...]、辞書型を表現するときは波カッコ { ... } で表現するという基本を押さえておきましょう。

書式 配列変数と辞書型変数の初期化式の復習

```
配列 = [ 値1, 値2, 値3, ...]
辞書型 = { キー1: 値1, キー2: 値2, キー3: 値3, ... }
```

それでは、ここでは、あるスーパーで売っている商品についての情報を配列と辞書型の混合データで表現してみましょう。以下は配列変数の中に辞書型変数が複数入っている形となっています。

```
商品一覧 = [
    {"名前": "超絶カレー", "値段": 450, "業者": "A食品"},
    {"名前": "激うまハンバーグ", "値段": 680, "業者": "B食品"},
    {"名前": "鳥ハムサラダ", "値段": 380, "業者": "B食品"},
    {"名前": "寿司にぎり12貫", "値段": 1300, "業者": "店内"}
]
```

この商品一覧データのうち、商品の名前と値段だけを取り出して表示したいとします。どのようなプログラムを作れば良いか考えて作ってみましょう。

file: src/ch4/hanpuku_syouhin.nako3

```
# 商品一覧を初期化
商品一覧 = [
    {"名前": "超絶カレー", "値段": 450, "業者": "A食品"},
    {"名前": "激うまハンバーグ", "値段": 680, "業者": "B食品"},
    {"名前": "鳥ハムサラダ", "値段": 380, "業者": "B食品"},
    {"名前": "寿司にぎり12貫", "値段": 1300, "業者": "店内"}
]

# 商品の名前と値段だけを取り出して表示
商品一覧を反復
    名前=対象@「名前」
    値段=対象@「値段」
    「{名前}は{値段}円です。」と表示。
ここまで。
```

プログラムを実行すると以下のように表示されます。商品名と値段を取り出すことができました。

```
超絶カレーは450円です。
激うまハンバーグは680円です。
鳥ハムサラダは380円です。
寿司にぎり12貫は1300円です。
```

このように反復を使って一気に処理ができると便利です。

全商品2割引にして表示しよう

次に『反復』文を使って、全商品を2割引にして表示してみましょう。繰り返しの中で、商品名と値段を取り出し、値段に0.8を掛けると2割引の値段を求めることができます。それでは、商品を2割引して画面に表示するプログラムを作ってみましょう。

file: src/ch4/hanpuku_2waribiki.nako3

```
# 商品一覧を初期化
商品一覧 = [
    {"名前": "超絶カレー", "値段": 450, "業者": "A食品"},
    {"名前": "激うまハンバーグ", "値段": 680, "業者": "B食品"},
    {"名前": "鳥ハムサラダ", "値段": 380, "業者": "B食品"},
    {"名前": "寿司にぎり12貫", "値段": 1300, "業者": "店内"}
]

# 商品全品2割引にして表示
商品一覧を反復
    名前＝対象@「名前」
    値段＝対象@「値段」
    割引後＝(値段×0.8)を切捨。 # --- ❶
    「{名前}は{値段}円→{割引後}円です。」と表示。
ここまで。
```

プログラムを実行してみましょう。先ほど紹介したように、2割引というのは値段に0.8を掛けた値となります。ここでは小数点以下を切り捨てる『切捨』関数を使って1円未満を切り捨てして表示してみました。実行結果は以下の通りです。

```
超絶カレーは450→360円です。
激うまハンバーグは680→544円です。
鳥ハムサラダは380→304円です。
寿司にぎり12貫は1300→1040円です。
```

全商品の値段を2割引で表示しました。❶が変更点で2割引の値段を計算します。なお『切捨』関数を使うと小数点以下を切り捨てた値が得られます。

Column

商品数が100品以上になっても プログラム自体に変更は不要

このプログラムで注目したい点は、もし商品数が100品以上に増えた場合でも、プログラム中の割引処理(『反復』文以降の部分)に変更を加える必要がないという点です。もちろん、商品を増やす場合には、プログラムの冒頭の商品一覧データ部分を書き換える必要はありますが、それ以外の部分を一切変更する必要はありません。

もし『反復』文や『繰り返し』文を使わず、商品1つずつ割引処理を書いていたら、商品数が増えるごとに割引処理を書き加える必要があるでしょう。繰り返しによる一括処理の便利さが分かりますね。

まとめ

ここでは、配列変数や辞書型変数と組み合わせて使う『反復』文について紹介しました。『反復』文を使うと、気軽に一括処理を記述できるのがメリットです。Chapter 3で紹介した『繰り返し』構文に加えて、『反復』文も覚えておくと良いでしょう。

Chapter 4-04

天気予報の情報を取得しよう

昨今、多くのコンピューターはインターネットにつながっています。そうであれば、プログラムで自動的にインターネット上の情報を取得できたら便利だと思いませんか。ここでは天気予報の情報をプログラムで取得して表示してみましょう。

ここで学ぶこと Web API / Ajax / JSON形式のデータ / 天気予報API

便利な機能を取り込める「Web API」とは?

Webサイトではさまざまな情報が公開されており、それらのデータを利用することで、自作のプログラムに価値ある情報を追加できます。ただし、情報を提供する側からすると、勝手に利用して欲しくない場合もあります。そのため、基本的にWebブラウザ上で動作するプログラミング言語(なでしこやJavaScript)から利用できる情報は、相手が許可したものに限られています。

それでも、多くのWebサービスでは一般の開発者に対してサイト内の情報を利用できる機能を用意しています。これを「Web API」と呼びます。GoogleやYahoo!や楽天、Amazon、Facebookなど多くのWebサービスが、Web APIを提供しています。プログラマーは、このWeb APIを通じ

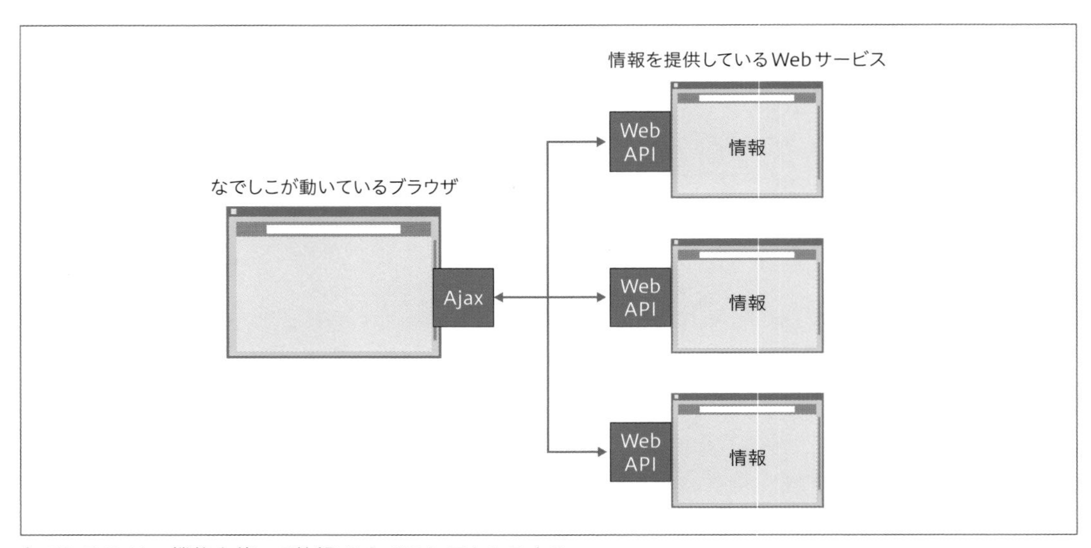

なでしこのAjax機能を使って外部Web APIにアクセスする

て、商品検索や翻訳、天気情予報など、便利な機能が利用できます。

そして、なでしこからこれらのWeb APIにアクセスするには「Ajax」と呼ばれる機能を利用します。Ajaxというのは非同期通信という意味がありますが、これを使うと各サービスが用意しているWeb APIという窓口にアクセスできるという点だけ覚えておきましょう。

✱時間APIを使ってみよう

最初に現在時刻を取得するだけのWeb API「時間API」を使ってみましょう。これは、筆者がプログラムのテスト用に公開しているAPIの1つです。「クジラWeb API」というサイトで公開しているもので、ほかに「郵便番号API」や「百人一首API」などがあります。

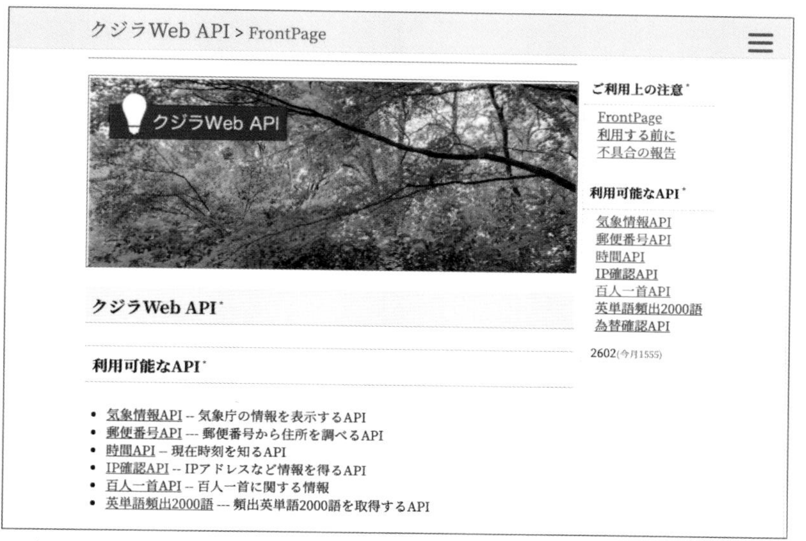

クジラWeb APIのWebサイト

> **クジラWeb API**
> [URL] https://api.aoikujira.com/

このサイトでは、すぐに使えるWeb APIをいくつか用意していますが、まずは、使い方に慣れるために、現在時刻(日付と時間)の情報を得るだけの簡単なWeb APIを使ってみましょう。現在時刻を取得するだけなので、あまり面白くないのですが、コンピューターの内部時計がおかしくなっていたり、海外に行ったりしたときでも日本の時間を知ることができます。

なお、多くのWeb APIでは「エントリポイント」と呼ばれるAPIを使うためのURL(Webサイトのアドレス)が与えられます。そのURLにアクセスすることで、さまざまな情報を取得したり何かしらの機能を実行したりできます。

上記のサイトに書かれている情報ですが、時間APIのエントリポイントは次のURLです。

時間APIのエントリポイント：
[URL] https://api.aoikujira.com/time/get.php

多くのWeb APIではWebブラウザからエントリポイントにアクセスすることでもWeb APIにアクセスできます。Webブラウザのアドレスバーに上記のエントリポントのURLを入力してみましょう。これは本書を執筆した時刻です。

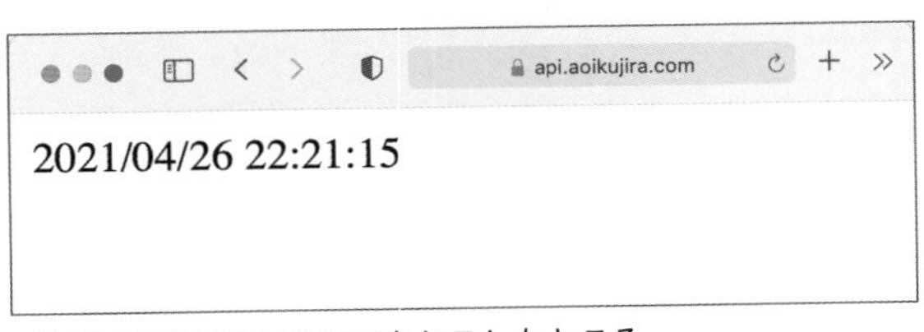

ブラウザで時間APIにアクセスしたところ

それでは、なでしこからこの時間APIにアクセスしてみましょう。

file: src/ch4/jikanapi.nako3

```
# 時間APIのURLを指定 --- ❶
APIは「https://api.aoikujira.com/time/get.php」

# AjaxでAPIにアクセス --- ❷
APIからAJAX受信した時には
    「現在時刻：{対象}」を表示。
ここまで。
```

プログラムを実行すると以下のように表示されます。もちろん実行結果は実行する日時によって変わります。

```
現在時刻：2021/04/26 22:35:16
```

プログラムを確認してみましょう。❶ではエントリポイントのURLを指定します。そして、❷の部分でAPIにアクセスして結果を画面に表示します。

『AJAX受信した時』関数の使い方

ここで、なでしこでAjaxを使う関数『AJAX受信した時』の使い方を確認してみましょう。この関数は以下の書式で利用します。

書式　「AJAX受信した時」の使い方

```
URLからAJAX受信した時には
    #ここにデータを受信した時の処理
ここまで。
```

通信先のサーバーからデータを受信すると、『AJAX受信した時には』から『ここまで』の間に書いたプログラムが実行されるという仕組みです。受信したデータは、特殊変数『対象』に文字列で代入されます。

Memo
宣言しなくても使える特別変数

変数『対象』や『それ』は別途宣言することなく使える特殊な変数です。『反復』構文や『AJAX受信した時』命令で自動的に変数『対象』が設定されます。

天気予報APIにアクセスしてみよう

それでは、次に本節の目標である天気予報の取得に挑戦してみましょう。天気予報を取得するWeb APIはいろいろあるのですが、先ほどと同じ「クジラWeb API」で公開しているAPIの1つ「クジラ週間天気API」を使ってみましょう。これは、気象庁が公開している天気予報の情報をWeb APIとして利用できるようにしたものです。

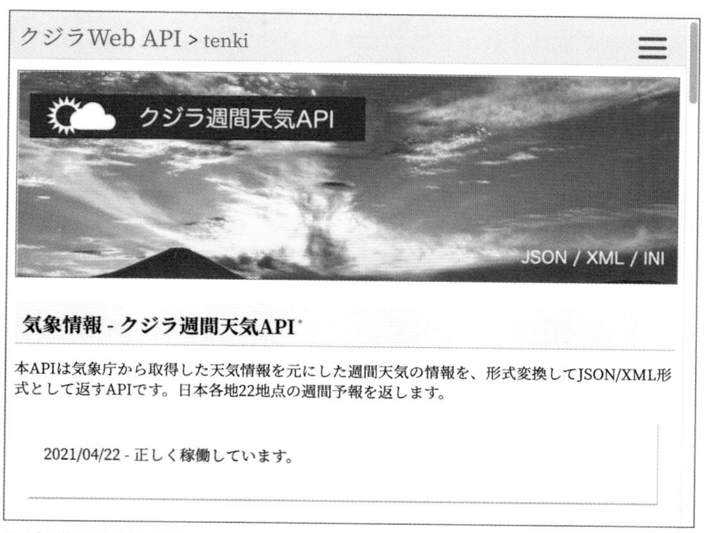

クジラ週間天気API

クジラ週間天気APIのWebサイト
[URL] https://api.aoikujira.com/index.php?tenki

まずはブラウザで天気APIにアクセスしてみよう

まずは、この週間天気APIをWebブラウザから手動でアクセスしてみましょう。クジラ週間天気APIのエントリポイントは以下のURLです。このURLにアクセスすることで天気予報の情報を取得できます。ブラウザのアドレスバーに以下のURLを入力してみましょう。

週間天気APIのエントリポイント：
[URL] https://api.aoikujira.com/tenki/week.php?fmt=json

すると次のような形式で天気情報が表示されます。なお、データをよく見てみると、札幌、東京、名古屋、大阪など日本全国22拠点の週間天気予報が含まれています。

api.aoikujira.com

```
{
    "mkdate": "2021\/04\/26 20:23:04",
    "釧路": [
        {
            "date": "27日(火)",
            "forecast": "晴",
            "mintemp": "-",
            "maxtemp": "-",
            "pop": "-"
        },
        {
            "date": "28日(水)",
            "forecast": "曇時々晴",
            "mintemp": "1",
            "maxtemp": "12",
            "pop": "20"
        },
        {
            "date": "29日(木)",
            "forecast": "曇一時雨",
            "mintemp": "5",
            "maxtemp": "12",
            "pop": "50"
        },
```

ブラウザでAPIにアクセスしたところ

ところで、このような角カッコと波カッコが連続する書式のデータをどこかで見たことありませんか。読者の皆さんであればどこかで見たことあるはずです。

そうです。これは、なでしこで配列変数と辞書型変数の初期化に使った書式ですね。今回Web APIで表示されたデータはJSON（ジェイソン）と呼ばれるデータです。なでしこでは、JSONを自然に記述できるようになっていたのです。

なでしこからAPIを使ってみよう

そうであれば、APIからデータさえ取得してしまえば容易に扱うことができます。それでは、なでしこから使ってみましょう。なお、結果が分かりやすくなるように、なでしこのプログラムでは、東京の天気予報だけを抜き出して画面に表示してみます。

file: src/ch4/tenki.nako3

```
# 天気APIのURLを指定 --- ❶
APIは「https://api.aoikujira.com/tenki/week.php?fmt=json」

# AjaxでAPIにアクセス --- ❷
APIからAJAX受信した時には
    # JSONデータをなでしこのデータに変換 --- ❸
    対象をJSONデコードして都市別天気辞書に代入。
    # 辞書型変数からキー「東京」の値を取得 --- ❹
    予報一覧＝都市別天気辞書@「東京」
    # 配列の値を一つずつ取り出す --- ❺
    予報一覧を反復
        # データに含まれる日付と予報を取り出す --- ❻
        日付＝対象@「date」
        予報＝対象@「forecast」
        「{日付} - {予報}」を表示。
    ここまで。
ここまで。
```


プログラムを実行すると次のように東京の週間天気予報が表示されます。もちろん実際の天気予報が表示されますので、実行する日時によって結果は変わります。

```
27日(火) - 晴時々曇
28日(水) - 曇時々晴
29日(木) - 曇一時雨
30日(金) - 曇一時雨
01日(土) - 曇時々晴
02日(日) - 曇時々晴
03日(月) - 晴時々曇
```

プログラムを確認してみましょう。❶では天気APIのURLを指定します。Web APIを使う上で欠かせない基本的な情報です。そして、Ajaxで情報を取得するのが❷の部分です。先ほど紹介したように『AJAX受信した時には ... ここまで』のように書きます。

なお、取得したデータは『JSON』形式の文字列です。JSONデータは、『JSONデコード』関数を利用すると、なでしこの内部形式のデータに変換できます。❸では取得したデータをなでしこのデータ形式(ここでは辞書型変数)に変換します。

天気予報データには22都市の週間天気が含まれています。そこで、❹で東京のデータだけを取り出します。改めてAPIから取得した天気データがどんな形式になっているのか確認してみましょう。以下は、天気APIの結果がどのような構造になっているのかを示しています。

```
{
    "都市名": [
        { "date": "日付", "forecast": "天気予報", ...},
        { "date": "日付", "forecast": "天気予報", ...},
```

```
        ...
    ],
    "都市名": [
        { "date": "日付", "forecast": "天気予報", ...},
        { "date": "日付", "forecast": "天気予報", ...},
        ...
    },
    ...
}
```

つまり、実際の予報データにアクセスするためには、辞書型、配列、辞書型と階層をたどる必要があります。

4の部分では東京のデータを取り出しました。すると一週間分の天気情報が配列変数で入っています。そこで、5では『反復』文を使って、配列を一要素ずつ（つまり、一日分ずつ）を取り出します。続けて、6の部分では、辞書型変数から「date」（日付）、「forecast」（天気予報）の情報を取り出して画面に表示します。

JSONデータの変換について

なお、天気APIではJSON形式の文字列データを、『JSONデコード』関数を使ってJSONデータをなでしこで扱いやすいデータに変換してから使いました。JSONデータとなでしこのデータ形式を相互に変換する関数『JSONエンコード』と『JSONデコード』が用意されています。『JSONエンコード』関数を使うと、なでしこの変数や値をJSONデータ（文字列）に変換します。

書式　値をJSON形式の文字列に変換

```
値をJSONエンコード
```

そして、その逆の動作である『JSONデコード』関数を使うと、文字列のJSONデータをなでしこの内部形式（配列変数や辞書型変数などの値）に変換します。

書式　JSON形式の文字列をなでしこのデータ型に変換

```
文字列をJSONデコード
```

まとめ

ここではWeb APIについて、そしてAPIをなでしこから使う方法について紹介しました。Ajaxを使うことでWeb APIにアクセスできます。なお最近ではいろいろなWeb APIが公開されているので、それらを自作プログラムと組み合わせると、面白いアプリが作れるかもしれません。

Chapter 4-05

人口推移をグラフにしてみよう

最近では多くの統計データが公開されています。しかしそれらの数値の羅列を見てもあまり状況が分からないことも多いものです。しかし数値をグラフにしてみると視覚的に数値の意味が分かることもあります。なでしこを使って数値をグラフ化しましょう。

ここで学ぶこと CSVファイル / Ajax / 線グラフ描画

ネットでよく配布されているファイルの形式について

インターネットではさまざまな形式のデータが配布されています。例えば、Chapter 4-04で紹介した天気予報の情報を出力するWeb APIでは、JSON形式とXML形式でデータが出力できるようになっています。それらの形式を使うと複雑なデータ構造のデータも表現できるので多くのWeb APIで利用されています。

また、公開されているデータの多くはExcelなどの表計算アプリで作成されるため、Excel形式や類似の形式で配布されていることも多いものです。例えば多くの政府統計を公開している「e-Stat」では32万件のデータセットのうち20万件のデータがExcel形式で公開されています。

多数の政府統計データが公開されているe-Stat

e-Stat - 政府統計の総合窓口
[URL] https://www.e-stat.go.jp/

✻ 総人口推移のグラフを作ってみよう

Excelファイルの多くは縦横二次元のデータとなっており、グラフで表示するのが容易です。なお、本節で使用する人口推移のデータも上記e-StatにてExcel形式で公開されています。「全国人口 推移」で検索してExcelファイルをダウンロードします。

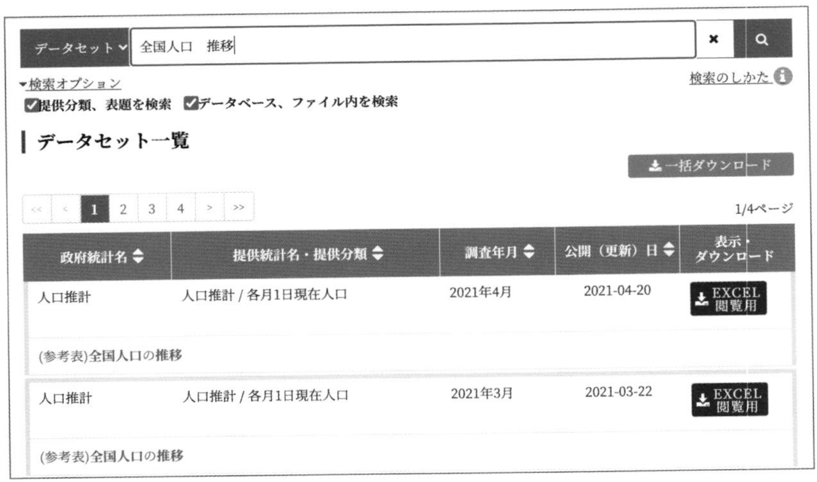

全国人口の推移データを探した

なお、ダウンロードしたExcelファイルは以下のように詳細な情報が掲載されていました。

参考表 Reference　全国人口の推移 Time Series of Population Estimates

総人口（確定値） Total population (Final estimates)

年月 Year and month	月初人口[1,2] Population as of 1st of each month (1)	人口増減[3] Population change / 純増減 Net change / 増減数 Number (2)	増減率[6] Rate (‰) (3)	自然動態[4] Natural change / 出生児数 Live Births (4)	死亡者数 Deaths (5)	自然増減 Natural change (6)	社会動態[5] Migration change / 入国者数 Entries (7)	出国者数 Exits (8)	社会増減 Net migration (9)
2011年	127,834,233								
2012年	127,592,657	-241,576	-1.89	1,046,825	1,248,186	-201,361	2,756,710	2,835,515	-78,805
2013年	127,413,888	-178,769	-1.40	1,044,983	1,276,719	-231,736	2,796,384	2,782,006	14,378
2014年	127,237,150	-176,738	-1.39	1,022,371	1,274,085	-251,714	2,910,793	2,874,407	36,386
2015年	127,094,745 [8]	-142,405	-1.12	1,025,105	1,300,537	-275,432	3,079,784	2,985,346	94,438
2016年	126,932,772	-161,973	-1.27	1,004,068	1,299,933	-295,865	3,361,488	3,227,596	133,892
2017年	126,706,210	-226,562	-1.78	965,289	1,342,578	-377,289	3,615,119	3,464,392	150,727
2018年	126,443,180	-263,030	-2.08	944,146	1,368,632	-424,486	3,848,382	3,686,926	161,456
2019年	126,166,948	-276,232	-2.18	895,844	1,380,859	-485,015	4,181,759	3,972,976	208,783
2020年	125,708,382	-458,566	-3.63	870,769	1,371,242	-500,473	1,997,178	1,955,271	41,907
2018年									
11月 Nov.	126,452,921	-18,356	-0.15	76,193	115,227	-39,034	260,505	239,827	20,678
12月 Dec.	126,434,565	-117,397	-0.93	80,047	126,041	-45,994	327,505	398,908	-71,403
2019年									
1月 Jan.	126,317,168	-7,478	-0.06	71,138	138,502	-67,364	409,403	349,517	59,886
2月 Feb.	126,309,690	-61,266	-0.49	65,698	117,871	-52,173	290,764	299,857	-9,093
3月 Mar.	126,248,424	5,228	0.04	70,451	118,778	-48,327	383,957	330,402	53,555
4月 Apr.	126,253,652	-73,009	-0.58	70,257	112,495	-42,238	337,242	368,013	-30,771
5月 May	126,180,643	70,913	0.56	78,097	111,667	-33,570	365,196	260,713	104,483
6月 June	126,251,556	13,375	0.11	72,097	101,928	-29,831	316,473	273,267	43,206
7月 July	126,264,931	-46,075	-0.36	77,763	106,219	-28,456	348,490	366,109	-17,619
8月 Aug.	126,218,856	-87,412	-0.69	77,293	111,071	-33,778	446,608	500,242	-53,634
9月 Sept.	126,131,444	35,504	0.28	75,520	107,370	-31,850	385,880	318,526	67,354
10月 Oct.	126,166,948	-5,767	-0.05	76,128	113,895	-37,767	320,313	288,313	32,000
11月 Nov.	126,161,181	-17,188	-0.14	71,520	119,038	-47,518	283,774	253,444	30,330
12月 Dec.	126,143,993	-155,784	-1.23	77,554	129,482	-51,928	350,482	454,338	-103,856
2020年									
1月 Jan.	125,988,209	16,096	0.13	69,611	129,673	-60,062	497,454	421,296	76,158
2月 Feb.	126,004,305	-42,680	-0.34	65,385	116,160	-50,775	234,612	226,517	8,095
3月 Mar.	125,961,625	-31,808	-0.25	70,042	118,608	-48,566	144,121	127,363	16,758

日本人人口（確定値） Japanese population (Final estimates)

年月 Year and month	月初人口[1,2] Population as of 1st of each month (10)	人口増減[3] Population change / 純増減 Net change / 増減数 Number (11)	増減率[6] Rate (‰) (12)	自然動態[4] Natural change / 出生児数 Live Births (13)	死亡者数 Deaths (14)	自然増減 Natural change (15)	社会動態[5] Migration change / 入国者数 Entries (16)	出国者数 Exits (17)	社会増減 Net migration (18)	国籍の異動による純増減[7] Net increase or decrease by change of nationality (19)
2011年	126,209,681									
2012年	126,022,681	-187,000	-1.48	1,034,111	1,241,606	-207,495	887,670	910,828	-23,158	11,142
2013年	125,802,643	-220,038	-1.75	1,031,738	1,270,004	-238,266	903,217	926,289	-23,072	8,789
2014年	125,561,810	-240,833	-1.91	1,007,995	1,267,329	-259,334	928,759	952,213	-23,454	9,444
2015年	125,319,299 [8]	-242,511	-1.93	1,010,467	1,293,594	-283,127	948,338	949,299	-961	9,066
2016年	125,020,252	-299,047	-2.39	987,747	1,293,340	-305,593	961,652	963,739	-2,087	8,633
2017年	124,648,471	-371,781	-2.97	948,566	1,335,658	-387,092	976,144	971,918	4,226	11,085
2018年	124,218,285	-430,186	-3.45	927,255	1,361,417	-434,162	976,853	980,290	-3,437	7,413
2019年	123,731,176	-487,109	-3.92	878,092	1,373,600	-495,508	990,656	989,665	991	7,408
2020年	123,250,274	-480,902	-3.89	852,172	1,363,608	-511,436	545,153	524,278	20,875	9,659
2018年										
11月 Nov.	124,181,867	-37,429	-0.30	74,773	114,643	-39,870	56,063	54,589	1,474	967
12月 Dec.	124,144,438	49,162	0.40	78,470	125,348	-46,878	144,816	49,938	94,878	1,162
2019年										
1月 Jan.	124,193,600	-135,974	-1.09	69,709	137,784	-68,075	57,438	125,834	-68,396	497
2月 Feb.	124,057,626	-65,085	-0.52	64,340	117,274	-52,934	55,843	68,512	-12,669	518
3月 Mar.	123,992,541	-32,120	-0.26	68,967	118,179	-49,212	84,031	67,499	16,532	560
4月 Apr.	123,960,421	-60,353	-0.49	68,802	111,878	-43,076	78,262	95,944	-17,682	405
5月 May	123,900,068	-26,650	-0.22	76,583	111,104	-34,521	71,146	63,745	7,401	470
6月 June	123,873,418	7,593	0.06	70,699	101,370	-30,671	105,111	67,416	37,695	569
7月 July	123,881,011	-860	-0.01	76,237	105,643	-29,406	124,786	96,854	27,932	614
8月 Aug.	123,880,151	-105,475	-0.85	75,730	110,470	-34,740	86,453	157,651	-71,198	463
9月 Sept.	123,774,676	-43,500	-0.35	73,990	106,813	-32,823	62,164	72,864	-10,700	23
10月 Oct.	123,731,176	-42,463	-0.34	74,472	113,245	-38,773	63,032	67,611	-4,579	889
11月 Nov.	123,688,713	-43,181	-0.35	69,863	118,417	-48,554	57,622	53,668	3,954	1,419
12月 Dec.	123,645,532	42,552	0.34	75,815	128,783	-52,968	149,256	55,124	94,132	1,388
2020年										
1月 Jan.	123,688,084	-138,142	-1.12	68,147	128,984	-60,837	71,474	149,301	-77,827	522
2月 Feb.	123,549,942	-91,624	-0.74	64,037	115,541	-51,504	41,278	81,900	-40,622	502
3月 Mar.	123,458,318	-34,352	-0.28	68,511	117,971	-49,460	54,173	39,548	14,625	483

Excelファイルを開いたところ

今回は総人口の推移が見られれば良いので、2011年から2020年までの情報（画面左上にあるもの）だけを切り取って、CSVファイルの形式で保存しましょう。その際、不要な空列を削り1行目はデータを意味するラベル「西暦年」と「総人口」を書き入れましょう。

CSVファイル形式とは?

なお、Excelを使っていない方でも大丈夫です。ExcelファイルはExcelまたは表計算アプリがないと開けませんが、本書のサンプルにこのデータファイル「jinkou.csv」を同梱しています。CSVファイルであれば、メモ帳などテキストエディタでも開くことができます。なお、ここで取り出したファイルは右のようなものです。

file: src/ch4/jinkou.csv

```
西暦年,総人口
2011年,127834233
2012年,127592657
2013年,127413888
2014年,127237150
2015年,127094745
2016年,126932772
2017年,126706210
2018年,126443180
2019年,126166948
2020年,125708382
```

CSVファイルというのは、右のようにデータが改行とカンマで区切られたデータのことです。各行が一組のデータとなっており、そのデータの各フィールドをカンマで区切っています。普通のテキスト形式なので、特別なアプリを使うことなくデータの内容を確認できるので扱いやすいデータ形式です。

なおこの総人口のCSVデータは各行が「西暦,総人口」のような形式で並んでいます。これでデータの準備が整いました。

グラフを描画してみよう

それでは、このCSVデータ(文字列)をプログラムの中に埋め込んでグラフを描画してみましょう。

後ほどCSVファイルを読み込む方法も紹介しますが、まずは、プログラムの中にCSVデータ(文字列)をべた書きする方法で記述して、そのデータを利用してグラフを描画してみましょう。

プログラム内に先ほど作ったCSVデータを貼り付けて、右のようなプログラムを作ってみました。

file: src/ch4/jinkou_graph.nako3

```
# 人口推移のデータ --- 1
人口推移データは「西暦年,総人口
2011年,127834233
2012年,127592657
2013年,127413888
2014年,127237150
2015年,127094745
2016年,126932772
2017年,126706210
2018年,126443180
2019年,126166948
2020年,125708382」

# グラフを描画 --- 2
人口推移データをCSV取得。
それの線グラフ描画。
```

プログラムを実行すると、右のようなグラフを作成できます。日本は少子化と言われていますが、日本の総人口が右肩下がりに減っていることが見て取れます。

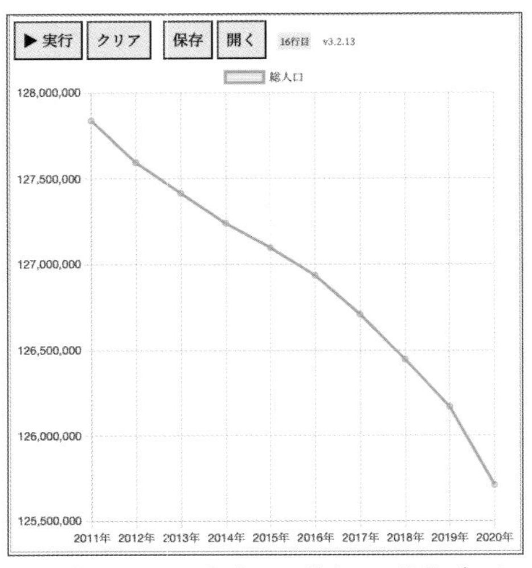

2011年から2020年までの総人口の推移データ

プログラムを見てみましょう。と言ってもプログラムの大半はCSVデータ（文字列）です。❶では、文字列のCSVデータを変数『人口推移データ』に代入します。

そして、❷の『CSV取得』関数を使って、文字列で書いたCSVデータをなでしこのデータ形式（配列変数の形式）に変換します。そして変換したもの（『それ』（p.69）に入っている）を『線グラフ描画』命令に与えます。すると、CSVデータを元にしたグラフを描画できます。

ここで改めて❶の部分で指定したCSVデータに注目してみましょう。このCSVデータでは、1行目がヘッダ情報で、2行目以降に実際のデータが書かれています。このようなCSVデータがあれば手軽にグラフを描画できるのが『線グラフ描画』命令の良いところです。

Memo

複数行の文字列を変数に代入する方法

なお、これまで文字列データと言えば、「こんにちは」とか「リンゴは300円」など、比較的短い文字列のみを扱ってきました。しかし、先ほどのプログラムでは11行にも渡るCSVデータを文字列に代入していました。プログラミング言語の中には、文字列データに改行を含めることができないものもありますが、なでしこでは右のように文字列の中に改行を含めることができます。

file: src/ch4/mojiretu_kaigyouiri.nako3

```
# 改行を含む文字列を変数に代入
格言は「鉄の道具の切れ味が悪くなっているのに
その刃を研がないなら余分な力を費やすことになる。
一方、知恵がある人は成功できる。
知恵は武器よりも価値がある。」

# 変数の内容を表示
格言を表示。
```

プログラムを実行すると複数行の文字列を表示します。

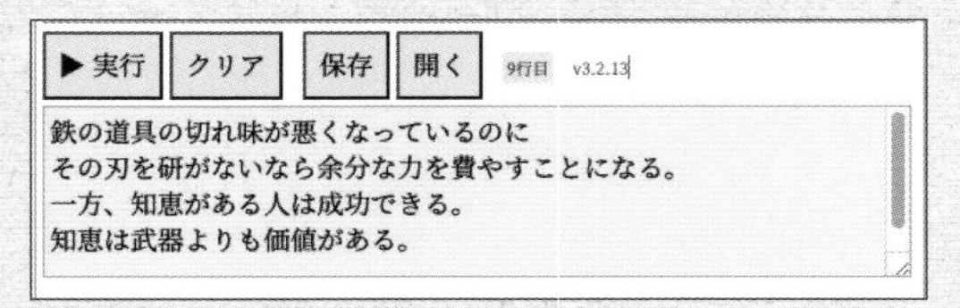

変数に複数行の文字列を代入できる

ただし、p.73で紹介したように「…文字列…」の中ではカギカッコを使うことができませんので注意が必要です。文字列の中でカギカッコを使いたい場合は、別の文字列記号である、ダブルクォートや二重カギカッコを使います。

✻ 東京の人口はどう？

なお、日本の首都である東京の人口はどうでしょうか。先ほどと同様にe-Statより取得したExcelファイルを加工して以下のようなCSVファイルを作ってみました。これは、東京の総人口に加えて男女別のデータも含んだものです。

file: src/ch4/tokyo_jinkou.csv

```
西暦年,総人口,人口(男),人口(女)
1975年,11673554,5913373,5760181
1980年,11618281,5856280,5762001
1985年,11829363,5955029,5874334
1990年,11855563,5969773,5885790
1995年,11773605,5892704,5880901
2000年,12064101,6028562,6035539
2005年,12576601,6264895,6311706
2010年,13159388,6512110,6647278
2015年,13515271,6666690,6848581
```

このCSVファイルをメモ帳などのテキストエディタでCSVファイルを開いて全文をコピーし、なでしこのプログラムに文字列として貼り付けましょう。そして、1つ前のプログラムと同じように、なでしこでグラフを描画してみましょう。

file: src/ch4/tokyo_graph.nako3

```
東京推移データ＝「西暦年,総人口,人口(男),人口(女)
1975年,11673554,5913373,5760181
1980年,11618281,5856280,5762001
1985年,11829363,5955029,5874334
1990年,11855563,5969773,5885790
1995年,11773605,5892704,5880901
2000年,12064101,6028562,6035539
2005年,12576601,6264895,6311706
2010年,13159388,6512110,6647278
2015年,13515271,6666690,6848581」

# グラフを描画
東京推移データをCSV取得して、線グラフ描画。
```

プログラムを実行すると右のようなグラフを描画します。国勢調査が行われている5年ごとのデータですが、1995年以降右肩上がりに人口が増えているのが分かります。

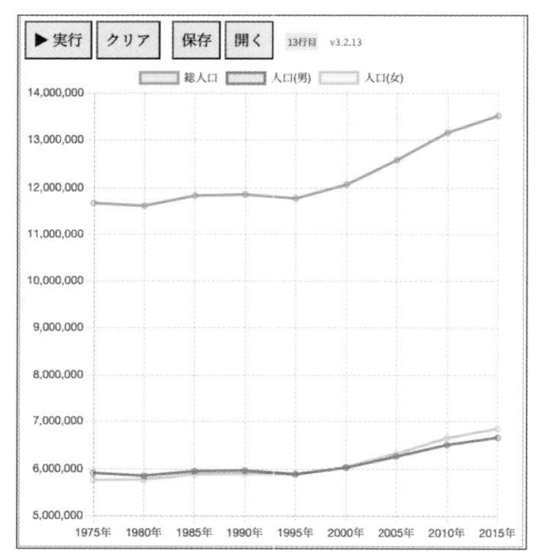

東京の人口は右肩上がりに増加していることが分かった

なお、このグラフは任意の列データをミュートできる機能が付いています。画面上部にある総人口のラベルをクリックすると、そのデータが非表示になり、男女別データだけを表示できます。もう一度総人口のラベルをクリックするとそのデータを表示します。

もちろん、Excelだけでもグラフを作ることができます。しかし、なでしこを使えばブラウザ上でグラフを描画できるだけでなく、動的に特定のデータの表示・非表示を切り替えることもできます。これは、大きなメリットです。

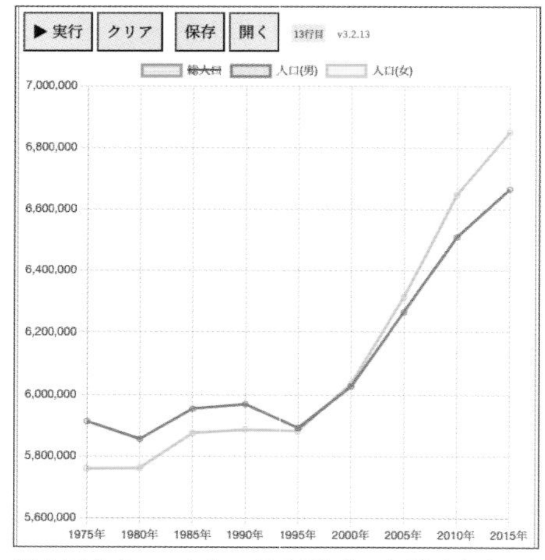

総人口をミュートして男女別データだけを表示したところ

✻ 外部データファイルを読み込んでグラフ描画しよう

なお、ここまで紹介したプログラムでは、プログラムが簡単になるようにデータファイルをプログラムの中に書き込んでいました。しかし、これだともっとたくさんのデータが書き込まれたファイルを扱うには不便です。

データファイルを別途配置して、それを読み込んでグラフを描画してみましょう。Chapter4-04で紹介したAjaxを使うのです。

なでしこのWebサイトにある「なでしこ3貯蔵庫」では、Twitterアカウントでログインすると、素材ファイルをアップロードする仕組みが使えます。これを利用すれば、CSVファイルをアップロードもできます。ここでは、すでにアップロードしてあるCSVファイルを読み込んで描画してみましょう。

（1）描画したいCSVファイルを作る

なお、ここでは、上記と同じくe-Stat上で見つけた「家系調査」のデータを利用してみます。「消費支出の総額データ」をCSVファイルで取り出し、貯蔵庫にアップロードしました。これは、2000年1月から2021年2月までの月々の消費支出の推移を示すデータです。以下のようなデータのCSVファイルです。

2000年1月から2021年2月までの消費支出の表（src/ch4/kakei.csv）

時点	二人以上の世帯　消費支出【円】
2000年1月	309621
2000年2月	290663
2000年3月	335341
2000年4月	335276
...	...
2020年12月	315007
2021年1月	267760
2021年2月	252451

Memo

ExcelでCSVファイルを作る場合

なお、ExcelでCSVファイルを保存する場合、ファイルタイプに「CSV UTF-8（コンマ区切り）」を選択して、文字コードがUTF-8のCSVファイルを保存してください。Excelで文字コード指定なしの「CSV（コンマ区切り）」を選ぶと、文字コードがShift_JISで保存されます。Shift_JISのCSVをそのまま使うと文字化けしてしまうので、テキストエディタなどで開いてUTF-8に変換して利用しましょう。UTF-8への変換方法は、テキストエディタによって異なりますが、ファイルを保存するメニューの近くに文字コードを指定して保存するメニューがあるか、保存するダイアログで設定できることが多いです。

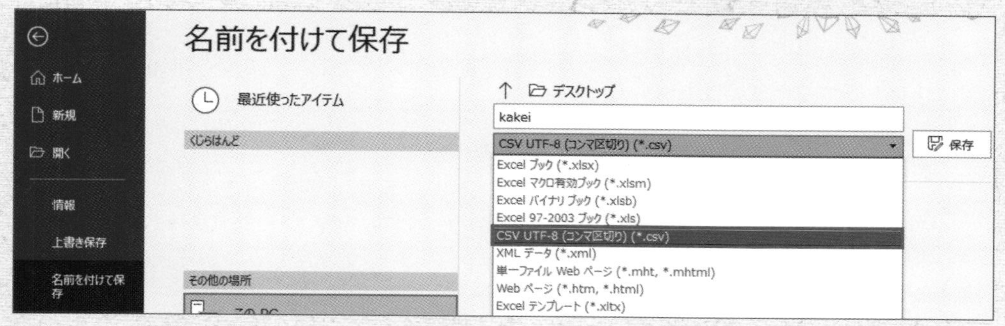

UTF-8のCSVを作成しよう

(2) CSVファイルをアップロードする

ブラウザで動くなでしこでグラフを描画する場合、CSVファイルをインターネット上にアップロードしておく必要があります。ここでは、手軽にファイルがアップロードできる「なでしこ3貯蔵庫」を利用してみましょう。もちろん、ファイルがWebにアップロードされていれば良く、アップロードをするのは「なでしこ3貯蔵庫」である必要はありません。この後のコラムを参照してください。

まずは、ブラウザで貯蔵庫にアクセスしましょう。ブラウザで以下のURLにアクセスして、Twitterアカウントでなでしこ貯蔵庫にログインします(なでしこ3貯蔵庫にファイルをアップロードするためには、Twitterアカウントが必要です)。

なでしこ3貯蔵庫 > アップロード
[URL] https://n3s.nadesi.com/index.php?action=upload

ログインすると、以下のようなアップロードフォームが表示されます。

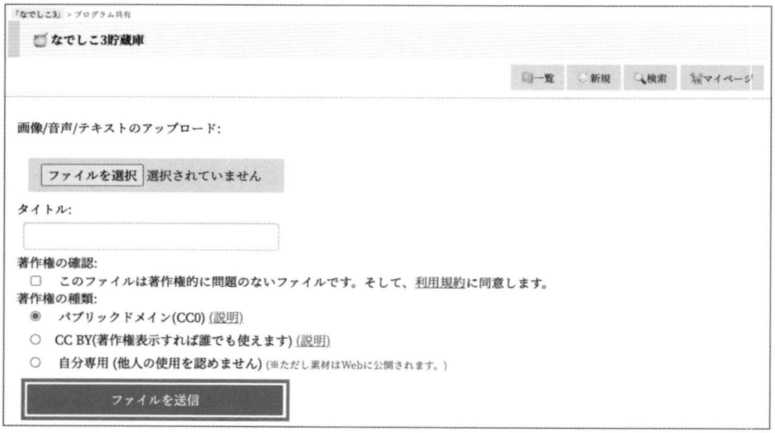

「なでしこ3」 > プログラム共有
なでしこ3貯蔵庫
一覧 新規 検索 マイページ
画像/音声/テキストのアップロード:
ファイルを選択 選択されていません
タイトル:
著作権の確認:
このファイルは著作権的に問題のないファイルです。そして、利用規約に同意します。
著作権の種類:
パブリックドメイン(CC0) (説明)
CC BY(著作権表示すれば誰でも使えます) (説明)
自分専用 (他人の使用を認めません) (※ただし素材はWebに公開されます。)
ファイルを送信

なでしこ3貯蔵庫を使うと手軽にファイルをアップロードできる

ここで、「ファイルを選択」のボタンを押して、上記のCSVファイルを選び、適当なタイトルをつけます。利用規約を確認して著作権の確認のチェックを入れます。そして「ファイルを送信」のボタンを押してファイルをアップロードしましょう。すると、右のようにプログラムで使えるURLが発行されます。

ファイルの情報
以下のURLをコピーしてプログラムでご利用ください。

ID	21
提供者	クジラ飛行机
タイトル	家系調査>消費支出
ライセンス	CC0(パブリックドメイン)
絶対URL	https://n3s.nadesi.com/image.php?f=21.cs

https://n3s.nadesi.com/image.php?f=21.csv

アップロードするとURLが取得できます

そして、アップロードしたファイルのURLをメモっておいてプログラム内に指定することで、そのデータファイルをプログラムで利用できます。なお、アカウントがなくてファイルをアップロードできなかった皆さんや、手順を省略したい皆さんは、以下のURLを利用しましょう。

家系調査>消費支出のCSV:
[URL] https://n3s.nadesi.com/image.php?f=21.csv

それでは、プログラムを作ってみましょう。Chapter4-04で作ったAjaxのプログラムとグラフ描画を組み合わせます。読み込むのは20年分の月々の支出データなので、これをプログラムに書き込んでいたら大変なことになります。しかし、外部ファイルを読み込むようにすると、プログラムはスッキリしたものになります。見てみましょう。

file: src/ch4/syouhi_graph.nako3

```
# 消費支出のCSVファイルのURL --- 1
データURL=「https://n3s.nadesi.com/image.php?f=21.csv」

# Ajaxでデータを取得 --- 2
データURLからAJAX受信した時には
    # グラフを描画 --- 3
    対象をCSV取得して線グラフ描画。
ここまで。
```

プログラムを実行してみましょう。すると、20年分の月々のデータがグラフに描画されます。

描画したデータを見るとところどころ突出しているデータがありますね。飛び出しているカーソルを合わせると、それがいつのデータなのかを確認できます。すると、出っ張っているのが毎年12月のデータであることが分かります。やはり毎年12月は世帯の支出が大きく増えることがこの表からも分かります。

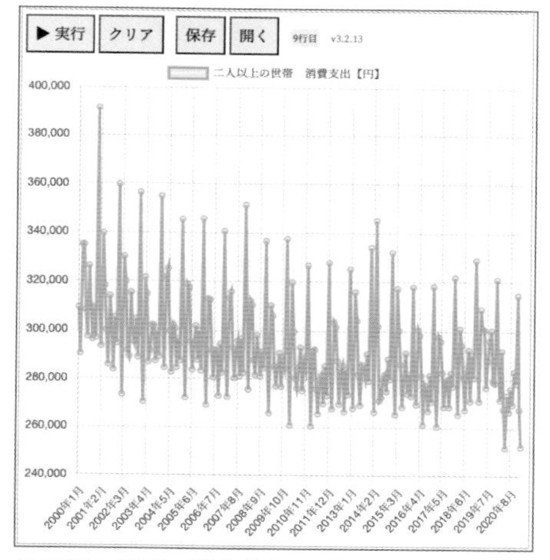

各世帯の月別の消費支出のグラフを表示したところ

さて、プログラムを確認してみましょう。1の部分にはCSVファイルが配置されているURLを指定します。2ではAjaxを利用してデータを読み込みます。読み込みが完了すると3の部分が実行されます。ここでは、読み込んだCSVファイルを『CSV取得』関数を利用してなでしこのデータ型に変換して『線グラフ描画』でグラフを描画します。

他の種類のグラフも描画可能

なお、描画できるのは線グラフだけではありません。グラフを描画する以下のような命令が用意されています。使い方は『線グラフ描画』と同じです。命令を変えるだけで異なる形式のグラフになります。表示したいデータに応じて使い分けると良いでしょう。

命令	説明
線グラフ描画	線グラフを描画
棒グラフ描画	縦方向の棒グラフを描画
円グラフ描画	円グラフを描画
横棒グラフ描画	横方向の棒グラフを描画
散布図描画	散布図のグラフを描画
ドーナツグラフ描画	ドーナツ型の円グラフを描画
ポーラーグラフ描画	鶏頭グラフ型の円グラフを描画
レーダーグラフ描画	レーダーチャートを描画
積上棒グラフ描画	複数列のデータがある場合積み上げ棒グラフを描画
積上横棒グラフ描画	複数列のデータがある場合積み上げ棒グラフを描画

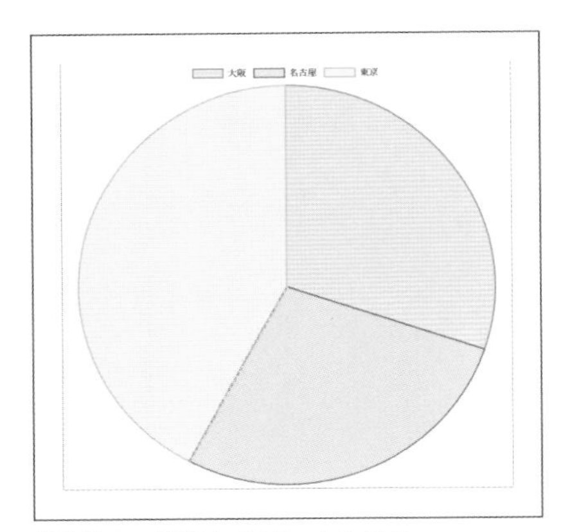

『円グラフ描画』を使ったところ

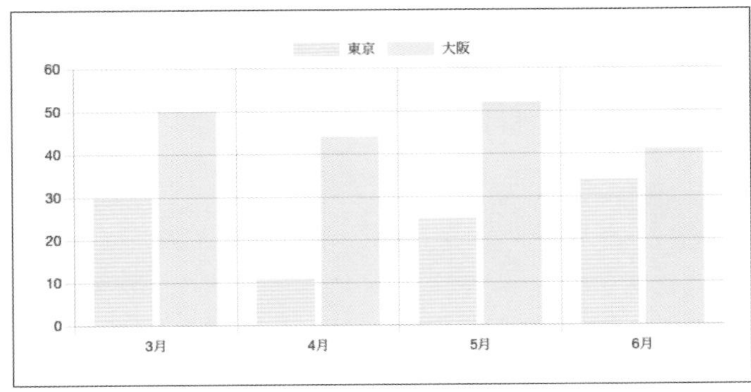

『棒グラフ描画』を使ったところ

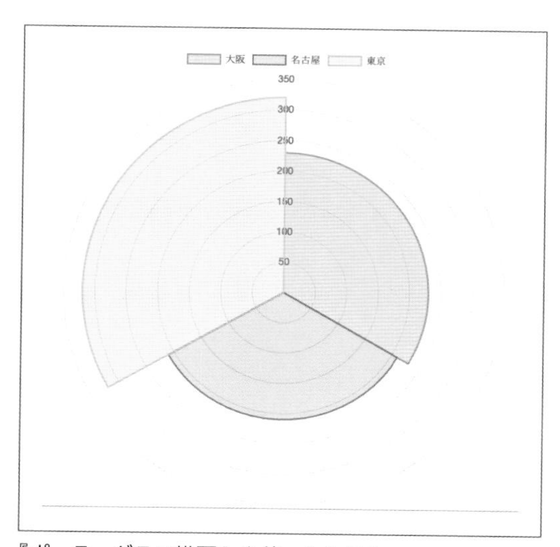

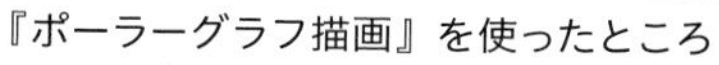
『ポーラーグラフ描画』を使ったところ

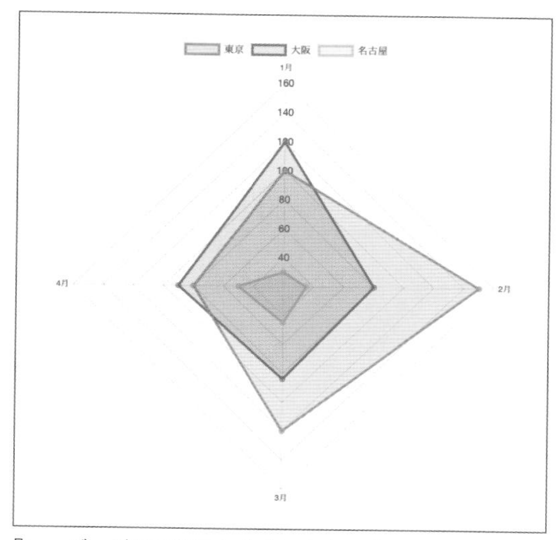

『レーダーグラフ描画』を使ったところ

詳しくは以下のマニュアルに書かれていますので参考にしてみてください。

なでしこ3マニュアル > グラフ描画
[URL] https://nadesi.com/v3/doc/go.php?593

まとめ

本節ではグラフを描画する方法を紹介しました。グラフ描画のためにCSVファイルについても紹介しました。CSVファイルさえ用意できれば、グラフを描画するのは非常に簡単です。なでしこでいろいろなデータをグラフ描画してみましょう。

Column
ファイルのアップロード先について

本文では手軽に使えることから「なでしこ3貯蔵庫」にファイルをアップロードしました。とはいえ、必ずしも貯蔵庫を使う必要があるわけではありません。

例えば、GitHubが運営している「Github Gist」というサービスも手軽にファイルをWeb上に書き込めます。CSVファイルをGistのエディタに書き込み、[Create public gist] のボタンを押します。そして、[Raw] というリンクを押すと、プログラムで利用するURLが取得できます。

・GitHub Gist
[URL] https://gist.github.com/

オリジン間リソース共有について

それでは、自分でWebサイトを運営している場合はどうでしょうか。もちろん、自分のWebサイトにアップしたファイルをAjaxで読み込むこともできます。

ただし、Webブラウザには「オリジン間リソース共有(CORS)」という枠組みがあります。これは、プログラムを実行するWebサーバーとデータを配置したWebサーバーのドメインが同一である時に、データを自由に読み込めるというルールです。そのため、データを自分のWebサイトにおいた場合には、なでしこ3の本体も自分のWebサイトに配置すれば、データを自由に読み込むことができます。

しかし、逆に言えば、プログラムからドメインが異なる別のWebサーバーにあるデータは自由に読み込めないということです。つまり、なでしこを実行しているサーバーと異なるサーバーにあるデータは基本的に読み込めないのです(次ページの図を参照)。

それでも、この規則には例外ルールがあります。サーバー側でデータを出力する際に「`Access-Control-Allow-Origin:*`」というヘッダを付けて出力するように設定すると、異なるサーバーで実行しているプログラムから、そのデータを読み込めるようになるのです。

もし利用しているWebサーバーがApacheというサーバーソフトウェアを利用して運用されている場合、ファイルを配置したディレクトリに「.htaccess」というファイルを作り以下の設定を指定すると、異なるサーバーからデータにアクセスできるようになります(ただし、管理者が.htaccessの利用を許可している場合に限ります)。

```
<IfModule mod_headers.c>
    Header set Access-Control-Allow-Origin *
</IfModule>
```

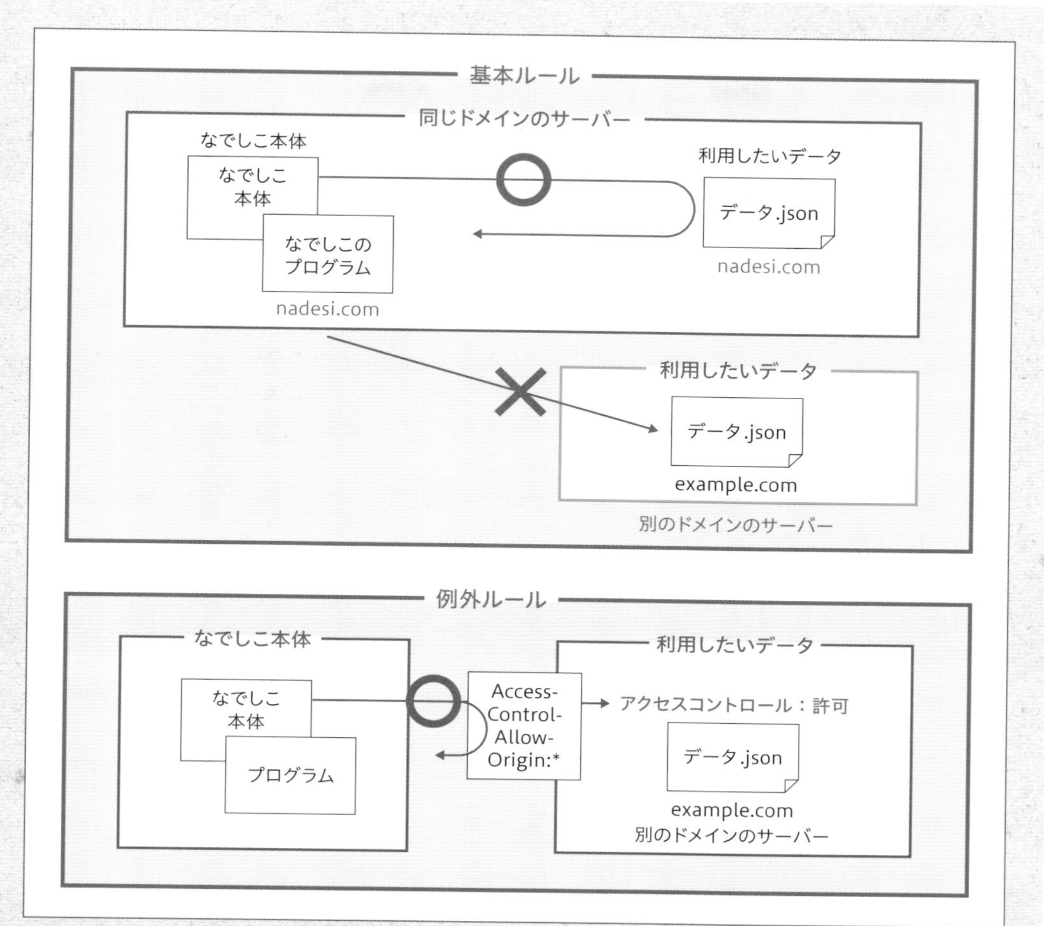

オリジン間リソース共有CORSの仕組み

なお、「なでしこ3貯蔵庫」や先ほど紹介した「GitHub Gist」では上記の情報が自動的に出力されるように設定されています。

Chapter 4-06

TODOリストを作ろう

ここまで配列変数や辞書型変数などのデータ型について学んできました。最後に学んだことを利用して実際に役立つツールを作ってみましょう。

ここで学ぶこと　**TODOリスト / ブラウザへの保存**

✻ TODOリストとは？

やるべきことを抜き出して一覧表にしたものが「TODOリスト」です。やるべきことを全部書き出して一覧にしておくことで、やるべきことが明確になり、やり忘れを防ぐことができます。文具店でも紙のTODOリストが売られていますね。ここでは、なでしこを使ってTODOリストを作ってみましょう。

✻ 小さく作って育てていくのがポイント

なお、いきなり多機能なものを作ろうと思うと大抵挫折します。アプリを作ろうと思ったときは、いろいろなアイデアが浮かぶことでしょう。あの機能も入れて、この機能も入れてと考えていると楽しくなります。しかし、それを最初から一度に作ろうと思うと、途中で飽きてしまうことが多いものです。

そこで、オススメなのが**作りたい機能を一覧表にして優先度をつける**ことです。最初に作るのは、とにかく単純に動くギリギリのものを作ります。そして、形あるものができたら、それに肉付けをしていく方法で別の機能を作っていきます。つまり、**最小のプログラムを作り、それを少しずつ育てていく**ように開発していくと、多機能なアプリを作ることができます。

✻ ブラウザにデータを保存するには？

それでは、今回のTODOリストなら、どのようにしていけば良いでしょうか。まずはTODOリストを保存して表示するだけのプログラムを作ってみましょう。最初はTODOリストにアイテムを追加して保存するだけのプログラムを作るのです。

なお、TODOリストを作るのに際して、ブラウザにデータを保存する方法を学びましょう。以下の命令を使います。

関数の書式	説明
データをキーに保存	データをブラウザにキーの名前で保存
キーを読む	ブラウザに保存したキーの名前のデータを読んで返す
キーが存在	キーの名前で保存したデータがあるかどうかを返す

簡単な例を見てみましょう。まずは、データをブラウザに保存してみましょう。

file: src/ch4/hozon.nako3

```
データは「相談によって計画は成功する」
データを「格言」に保存。
「ブラウザに保存しました」と表示。
```

プログラムを実行すると、データがブラウザ内に保存されます。次に、データを読み込んでみましょう。

file: src/ch4/yomu.nako3

```
「格言」を読んでデータに代入。
データを表示。
```

上記プログラムを実行すると、1つ前のプログラムで保存した格言が読み込まれて表示されました。ブラウザを一度閉じて、再び上記プログラムを実行してみましょう。それでも、ブラウザに保存したデータを読むことができます。

保存したデータが読み込まれた

なお、この機能は、ブラウザに備わっている`localStorage`という機能を利用したものです。保存したデータはいつまでも残りますが、サイトごとに最大5MB程度しか保存できないという制限があります。また、なでしこで『ローカルストレージ全削除』命令を実行すると保存されているすべてのデータを破棄できます。

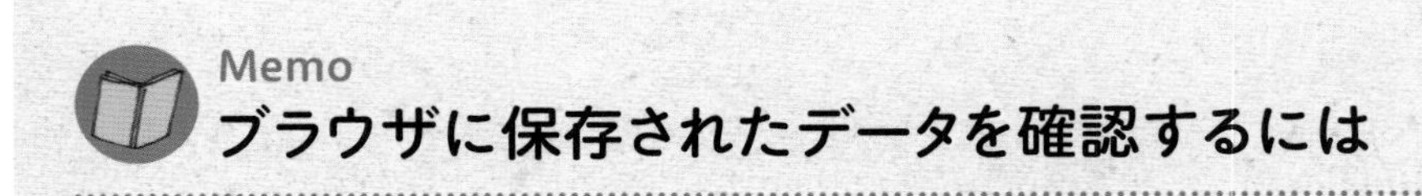

Memo
ブラウザに保存されたデータを確認するには

自分のブラウザにどんなデータが保存されているのかは誰でも見られます。ブラウザにChromeを使っているのであれば、右上の ⋮ メニューから［その他のツール＞デベロッパーツール］をクリックして、デベロッパーツールを開きます。そして、［Application］タブを開き、「Storage」の「Local Storage」で確認できます。

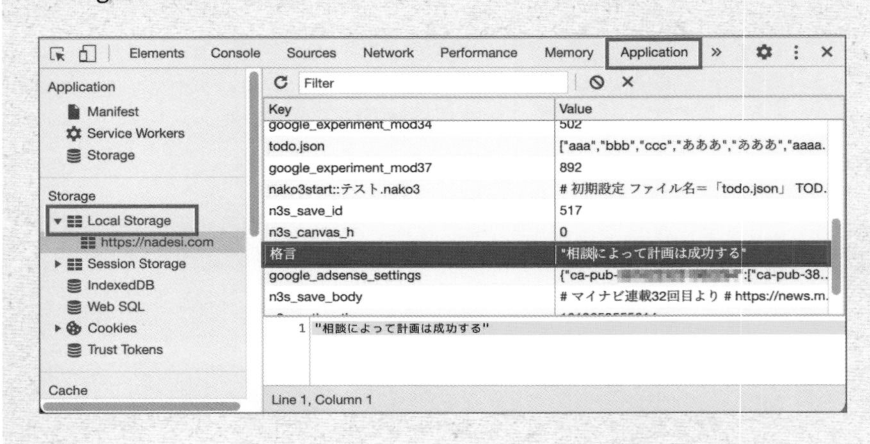

✱ 最小限のTODOリスト

それでは、最小限のTODOリストを作ってみましょう。ここではTODO項目を表示し『尋ねる』命令のダイアログで項目を追加できるようにします。

✎ **file: src/ch4/todo.nako3**

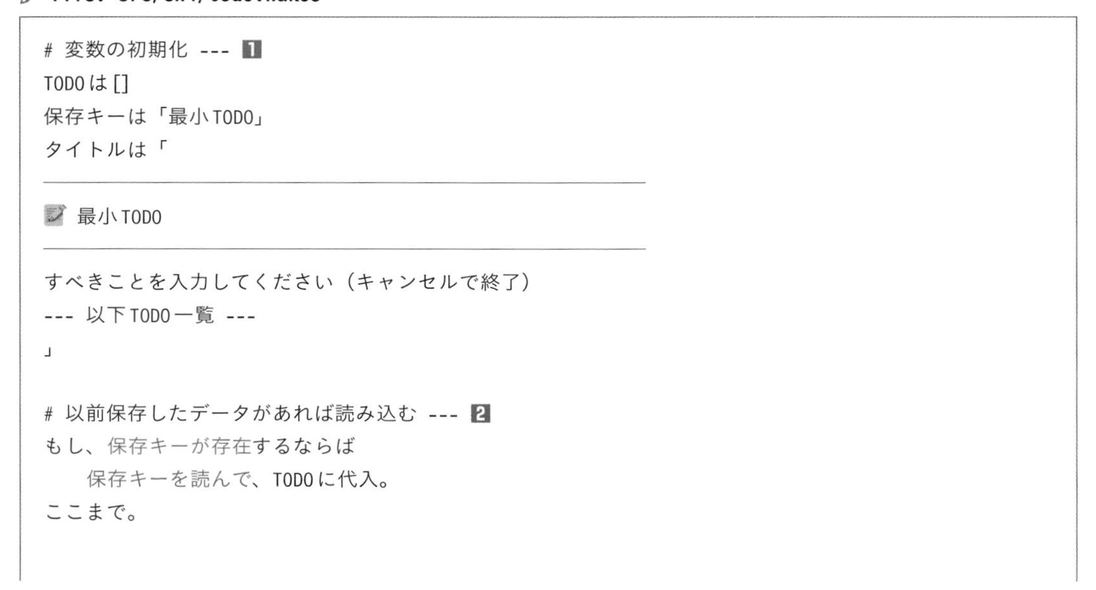

```
# 変数の初期化 --- ❶
TODOは[]
保存キーは「最小TODO」
タイトルは「
━━━━━━━━━━━━━━━━━━━━━━━━━━━━━
📝 最小TODO
━━━━━━━━━━━━━━━━━━━━━━━━━━━━━
すべきことを入力してください（キャンセルで終了）
--- 以下TODO一覧 ---
」

# 以前保存したデータがあれば読み込む --- ❷
もし、保存キーが存在するならば
    保存キーを読んで、TODOに代入。
ここまで。
```

```
# キャンセルが押されるまで永遠に繰り返す --- 3
永遠の間繰り返す
    TODOを改行で配列結合してSに代入。# --- 4
    「{タイトル}{S}」と尋ねる。
    もし、それが「」ならば、抜ける。
    TODOにそれを配列追加。# --- 5
    TODOを保存キーに保存。# --- 6
ここまで。
```

プログラムを実行してみましょう。TODO項目を入力するとTODOに項目が追加されます。ブラウザに記録されるので、ブラウザを閉じても内容が残ります。

Hint
データが残っているか確認するには

一度、ブラウザを閉じてから、再度エディタを開いて「todo.nako3」を実行してみると確認できます。

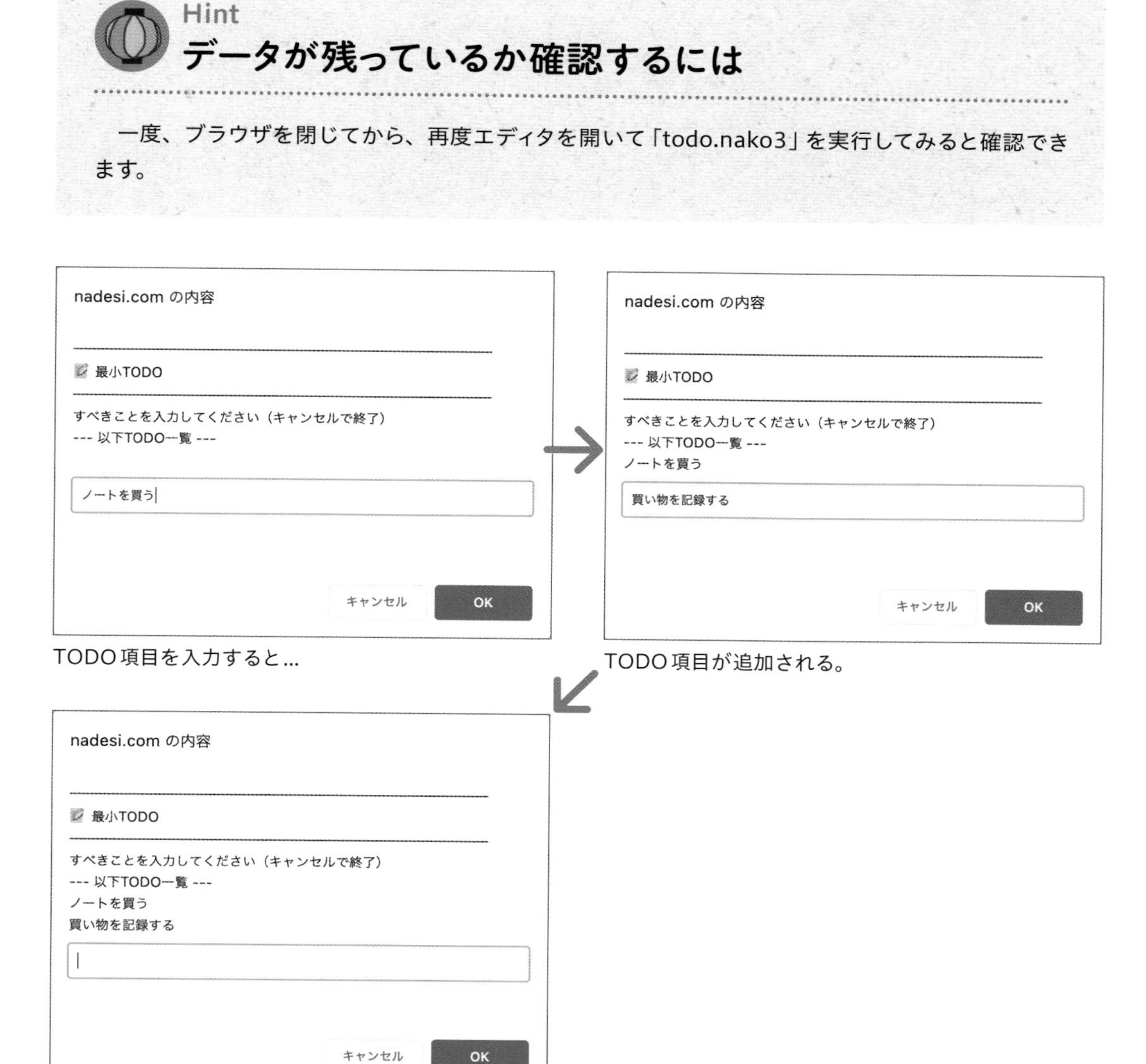

TODO項目を入力すると…

TODO項目が追加される。

ブラウザを閉じてもTODOは残っている

プログラムを確認してみましょう。プログラムの冒頭**1**では、このプログラムで使う変数を初期化します。そして、**2**の部分では前回ブラウザに保存したデータが残っているかを確認します。このように『もし』文と『(キー)が存在』関数を組み合わせると、前回保存したかどうかが確認できます。そして保存したキーが存在すれば、『読む』関数でデータを読み込んで、配列変数『TODO』に代入します。

3の部分では『(条件)の間繰り返す』文を使って繰り返します。ここでは『永遠』の間(p.101)と指定することにより、ユーザーがキャンセルボタンを押すか何も入力せずに「OK」を押すまでTODO入力処理を繰り返します。

4では『配列結合』関数を使って配列変数の内容を文字列に変換します。この命令は配列変数の各要素を任意の文字で結合して返すというものです。後で詳しく説明します。そして『尋ねる』関数を使って新たな項目を尋ねます。この時、キャンセルボタンを押すと空文字列である「」が得られるので、空であれば『抜ける』文(p.102)で繰り返しを抜けます。

そして、**5**では『配列追加』関数を使って配列変数『TODO』に新たな要素を追加します。この『配列追加』関数についても、後で詳しく説明します。さらに**6**でブラウザに保存します。

配列変数の操作関数について

上記のプログラムではいくつか配列変数を操作する関数を使いました。ここで簡単に使い方を確認してみましょう。

まずは『配列結合』関数です。この関数を使うと、配列変数の各要素を任意の文字列で結合して文字列に変換します。

書式 **配列の要素を特定の文字列で結合する**

```
配列を文字列で配列結合
```

以下は簡単な使い方です。

file: src/ch4/hairetuketugou.nako3

```
A = ["080", "1111", "2222"]
Aを「-」で配列結合して表示。
```

上記のプログラムを実行すると「080-1111-2222」と表示されます。このように『配列結合』を使うと配列変数の各要素をつなげて文字列に直すことができるので便利です。

『配列追加』と『配列削除』関数について

次に、配列変数に値を追加する『配列追加』と、値を削除する『配列削除』について紹介します。それぞれ次のように使います。

書式 **配列変数に値を追加する**

```
変数に値を配列追加
```

書式 **配列変数から(0から数えた)要素番号を削除する**

```
変数の番号を配列削除
```

実際のプログラムで確認してみましょう。

file: src/ch4/hairetusousa.nako3

```
# 配列変数を作る
A = [0,1,2]
# 配列追加で値を追加 --- 1
Aに3を配列追加。
Aに4を配列追加。
# 内容を確認 --- 2
Aを「-」で配列結合して表示。
# 配列削除で値を削除 --- 3
Aの3を配列削除。
# 内容を確認 --- 4
Aを「-」で配列結合して表示。
```

プログラムを実行すると以下のように表示されます。

```
0-1-2-3-4
0-1-2-4
```

プログラムの1では『配列追加』を使って配列変数に3と4を追加します。そのため2で「-」で配列変数を結合して表示すると「0-1-2-3-4」と表示されます。その後、3で『配列削除』を使って(0から数えて)3番目の値を削除するため4の表示結果が「0-1-2-4」となります。

✻ TODOリストv2を作ろう

それでは、次に先ほど作った最小TODOリストに削除機能を追加しましょう。TODOリストのバージョン2（略してv2）です。TODO項目の削除機能は、**数値を入力した場合に項目を削除する**という仕様を考えてみました。まずは実行イメージを確認してみましょう。

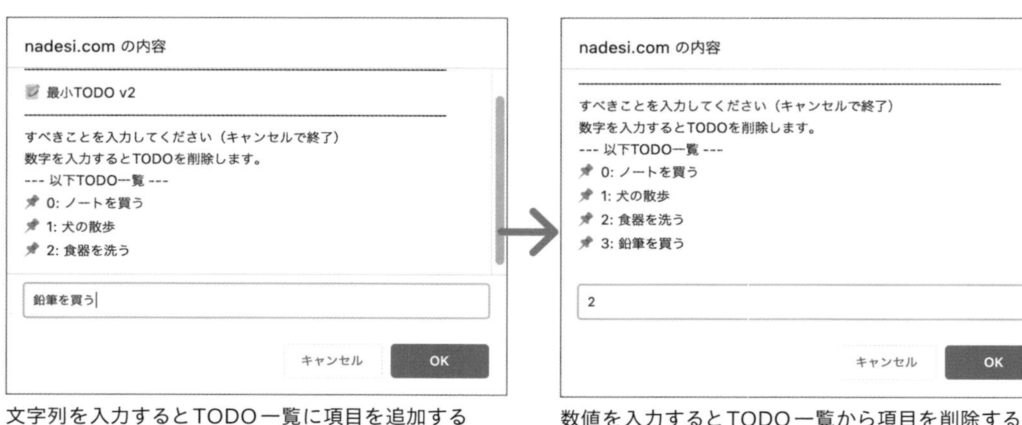

文字列を入力するとTODO一覧に項目を追加する

数値を入力するとTODO一覧から項目を削除する

TODO項目が削除されたところ

『尋ねる』関数を最大限活用したプログラムになります。Chromeブラウザでは、TODO一覧が長くなるとメッセージ部分がスクロールできるようになりますので、結果、不便なく使えました。

それでは、プログラムを見てみましょう。

file: src/ch4/todo_v2.nako3

```
# 変数の初期化 --- ❶
TODOは[]
保存キーは「最小TODO」
タイトルは「
――――――――――――――――――――――――――――
```

```
最小TODO v2
―――――――――――――――――
すべきことを入力してください（キャンセルで終了)
数字を入力するとTODOを削除します。
--- 以下TODO一覧 ---
」

# 以前保存したデータがあれば読み込む --- 2
もし、保存キーが存在するならば
    保存キーを読んで、TODOに代入。
ここまで。

# キャンセルが押されるまで永遠に繰り返す
永遠の間繰り返す
    # 表示内容を作成する --- 3
    TODO項目列挙してTODO一覧に代入。
    「{タイトル}{TODO一覧}」を尋ねてVに代入。
    もし、Vが空ならば、抜ける。
    # 追加か削除か判定(数列なら削除) --- 4
    もし((Vを数列判定)=はい)ならば
        TODOのVを配列削除。
    違えば
        TODOにVを配列追加。
    ここまで。
    TODOを保存キーに保存。# --- 5
ここまで。

●TODO項目列挙とは # --- 6
    S=「」
    TODOを反復
        S=S&「📌 {対象キー}: {対象}{改行}」
    ここまで。
    それはS
ここまで。
```

プログラムの1では変数の初期化を行います。前回p.164で作成した最低限のTODOリストとほぼ同じ内容です。保存キーの値を同じにすることで、前回のプログラムで保存した『TODO』がそのまま利用できます。それでも前回のプログラムとの区別が分かるように、変数『タイトル』に「最小TODO v2」と書いて区別するようにしました。2のデータを読み込む部分は前回と全く同じです。

3の部分では『尋ねる』関数に表示するTODOの一覧を作成します。今回、項目を削除するために各TODOに配列番号を差し込む処理を行いますが、少し長くなるため6で定義した関数『TODO項目列挙』に処理をまとめています。

4では『尋ねる』関数の戻り値が数列かどうかを判定します。『Vを数列判定』と書いた時、Vの値が全部数字であれば値が「はい」になります。この関数を使えば、『尋ねる』関数に数値が指定されたのかTODO項目が指定されたのかを判定できます。そして、数値で入力されたのであれば、『配列削除』で該当する配列要素を削除します。また数値以外が入力されたのであれば『配列追加』で末尾に配列を追加します。そして、5では変更内容をブラウザに保存します。

6では関数『TODO項目列挙』を宣言します。『反復』文を使って、要素番号と内容を変数Sに足していくことでTODOの項目一覧を作成します。絵文字の「📌(がびょう)」を使ってTODOっぽさも演出しています。

まとめ

以上、本節ではTODOリストのアプリを作ってみました。TODOリストのようなアプリを作る時は、最初に最小限の機能を作ったものを作成し、その後で少しずつ機能を追加していく方法で作ると良いでしょう。

また、このTODOリストでは各TODO項目を配列変数として扱いました。この手のアプリではよく配列変数を利用します。配列変数の追加や削除など、扱い方をしっかり覚えておきましょう。

Column
バグの語源とバグの原因

プログラムに問題があって正しく動かないことを「バグ(英語:Bug)」と言います。そもそもバグとは英語で「虫」を意味する言葉です。なぜプログラミングと虫が関係するのでしょうか。実は、その昔、機械装置が原因不明な問題で止まってしまう多くの原因が虫によるものだったからです。虫が機械装置に入り込み機械を止めてしまうのです。そのため、バグという言葉はコンピューターの登場以前から使われていました。また、シェイクスピアの戯曲の中では「忌まわしきもの」という意味で使われていた「バグ」に由来するという説もあります。

誰でも頑張って作ったプログラムにバグがあるとガッカリするものです。しかし、プログラムにバグは付きものです。ただの書き間違いであれば修正は容易ですが、プログラムの構造に起因する問題だとプログラムの仕様や設計を見直す必要もあるので大変です。

また、特定のタイミングでのみ発生するバグもあります。例えば、ストレージにデータを書き込んでいる時に別のことをするとプログラムが動かなくなるとか、たまたまネットワークにつながらないタイミングで何かの処理を実行すると問題が起きることもあります。こうしたバグは問題を特定するのも大変で時間もかかります。他にも自分が作ったプログラム以外が原因のこともあり、機器やOSのバグが原因でプログラムに影響を及ぼすこともあります。

Chapter 5

ブラウザで動くゲームや
ツールを作ってみよう

最後のChapter 5では、なでしこのさまざまな機能、
特にグラフィックスなどの機能などを利用して
楽しいプログラムを作ります。
作って楽しい、遊んで楽しいゲームも作ってみましょう。

Chapter 5-01

アナログ時計を作ってみよう

ブラウザ上で動くプログラムを作る例としてアナログ時計を作ってみましょう。アナログ時計は任意の画像や図形を描画する良い練習になります。最初に簡単な時計を作り、その後アナログ時計を作ります。少しずつ改良していきましょう。

ここで学ぶこと アナログ時計 /「N秒毎」命令 / 描画

現在時刻を表示する方法

アナログ時計を作るのにあたって、最初に現在時刻を表示する方法から確認してみましょう。なでしこで何か作ろうと思ったら、必要な命令が既に用意されていないか確認するところから始めると良いでしょう。

マニュアルを探してみよう

ブラウザでなでしこの命令一覧マニュアルを開いて確認してみましょう。

なでしこ3マニュアル > 命令一覧/機能順

命令一覧 / 機能順

plugin_system	(システム定数) (標準出力) (四則演算) (敬語) (特殊命令) (型変換) (論理演算) (ビット演算) (文字列処理) (置換・トリム) (文字変換) (JSON) (正規表現) (指定形式) (文字種類) (配列操作) (二次元配列処理) (辞書型変数の操作) (ハッシュ) (タイマー) (日時処理(簡易)) (デバッグ支援) (プラグイン管理) (URLエンコードとパラメータ)
plugin_browser	(色定数) (システム) (ダイアログ) (ブラウザ操作) (AJAXとHTTP) (DOM操作) (DOM操作/イベント) (DOM部品操作) (HTML操作) (ローカルストレージ) (描画) (位置情報) (音声合成) (WebSocket) (オーディオ) (ホットキー) (グラフ描画_CHARTJS)
plugin_turtle	(タートルグラフィックス/カメ操作)
nadesiko3-drone	(ドローン)
nadesiko3-sqlite3	(SQLite3)
plugin_caniuse	(ブラウザサポート)
plugin_csv	(CSV操作)
plugin_datetime	(日時処理)
plugin_express	(Webサーバ(Express))
	(HTMLパーサ(コンソール))

なでしこの命令一覧マニュアル

なでしこのマニュアル > 命令一覧
[URL] https://nadesi.com/v3/doc/go.php?7

この一覧表を見ると「日時処理」という項目があり、『今』という命令があることを見つけることができるでしょう。

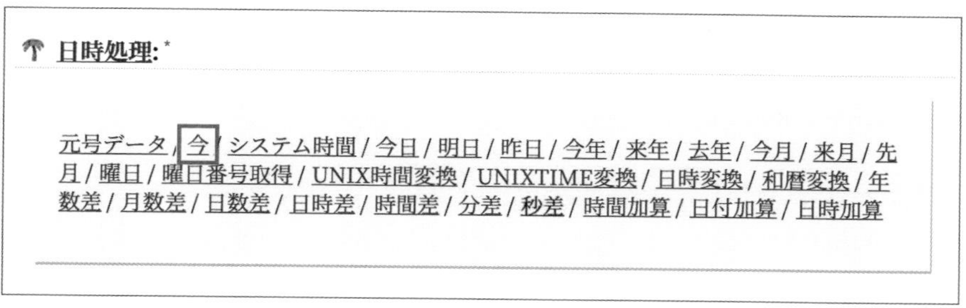

日時処理の命令を見つけた

あるいは、マニュアルには検索機能があるので、「現在時刻」などで検索してみるのも良いでしょう。

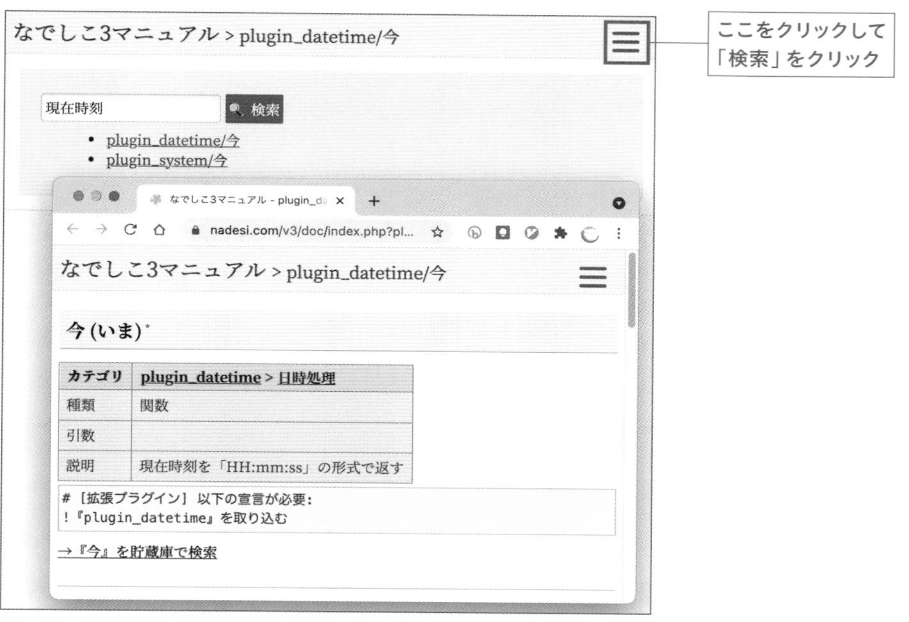

キーワードで検索して探すのもオススメ

なでしこ3マニュアル > 検索機能
[URL] https://nadesi.com/v3/doc/index.php?FrontPage&search

『今』を使ってみよう

マニュアルを見ても分かるように、現在時刻を表示するには『今』を使います。なでしこ簡易エディタで実行してみましょう。

✎ **file: src/ch5/ima.nako3**

```
今を表示。
```

プログラムを実行すると、現在時刻が表示されます。ただし、表示されるのは、プログラムを実行したその時だけです。定期的に時間が更新される時計を作るためには、繰り返し現在時刻が更新されるように修正が必要です。

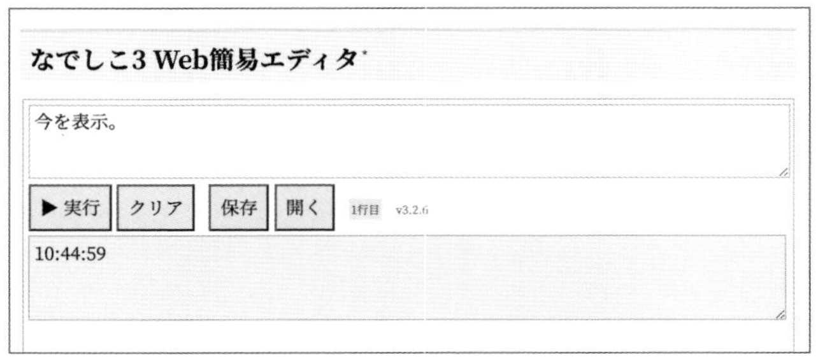

現在時刻を表示したところ

タイマー『N秒毎』を使ってみよう

そこで、定期的に繰り返しプログラムを実行するように修正しましょう。このために『N秒毎』という命令を利用します。また、『今』で現在時刻を表示する機能を『時計表示処理』として関数にします。右のように修正します。

✎ **file: src/ch5/timer.nako3**

```
# 1秒毎に関数を実行するように指定
「時計表示処理」を1秒毎。

●時計表示処理とは
    今を表示。
ここまで。
```

プログラムを実行すると、1秒毎に現在時刻が表示されます。

```
# 1秒毎に関数を実行するように指定
「時計表示処理」を1秒毎。

●時計表示処理とは
    今を表示。
ここまで。
▶実行　クリア　保存　開く　6行目　v3.2.6
12:41:29
12:41:30
12:41:31
12:41:32
12:41:33
12:41:34
```

1秒毎に時間が表示される

『N秒毎』は右の書式のように記述します。

関数名はカギカッコで括って文字列で指定する必要があります。このように書くことで指定の関数を毎秒実行します。

書式　N秒毎の使い方

```
「関数名」を(秒数)秒毎。
```

画面を定期的に更新するように修正しよう

ここまでのプログラムで、定期的に現在時刻を表示するようになりました。それでも、これは時計とは言えませんね。時計のように、毎秒更新されるように修正しましょう。

そのために使うのが『文字描画』と『描画クリア』です。なでしこ簡易エディタでは描画用のキャンバスが用意されており、そのキャンバスに図形や文字を描画できます。

つまり、現在時刻を描画して、次回画面を更新したいときに、前回描画した内容を消して、改めて現在時刻を描画するということを繰り返せばデジタル時計を作ることができます。

それでは、デジタル時計を作ってみましょう。以下のようなプログラムになります。

file: src/ch5/tokei_moji.nako3

```
# 毎秒画面を描画するよう指定 --- [1]
「デジタル時計描画」を1秒毎。

●デジタル時計描画
    # 前回の内容を消す --- [2]
    全描画クリア。
    # 現在時刻を描画 --- [3]
    50に描画フォント設定。
    [30,100]へ今を文字描画。
ここまで。
```

プログラムを実行してみましょう。デジタル時計が表示され、1秒毎に現在が描画されます。

デジタル時計を作ったところ

改めてプログラムを確認していきましょう。[1]の部分で毎秒画面を更新するように指定します。[2]の『全画面クリア』命令を実行すると以前描画した内容を全部消します。[3]では『描画フォント設定』命令で文字サイズを50ピクセルにして『文字描画』命令で座標 [30, 100] へ現在時刻を描画します。

このように『デジタル時計描画』関数が定期的に呼ばれることにより時計を作ることができました。なお、[2]で指定した『全描画クリア』命令を消してみるとどうなるでしょうか。前回の描画が消されず、数字が次から次へと描画され、真っ黒になってしまいます。

『全描画クリア』命令を入れないと ... 真っ黒に！

アナログ時計に挑戦しよう

さて、いよいよアナログ時計の作成に挑戦してみましょう。アナログ時計を作るのにあたって考えるべき要素があります。それが、文字盤・長針・短針・秒針の4つです。この4つのパーツを順に描画していくことでアナログ時計を完成させることができます。

時計の針を描画するには？

なお、時計の針を描画する際に考えなくてはならないのが、どのようにして、針を描画する座標を得るかという点になります。と言っても、三角関数のSINとCOSを使えば求められます。もし、計算がよく分からないとしてもプログラミングとはあまり関係ないので、あまり気にせず読み飛ばしてください。

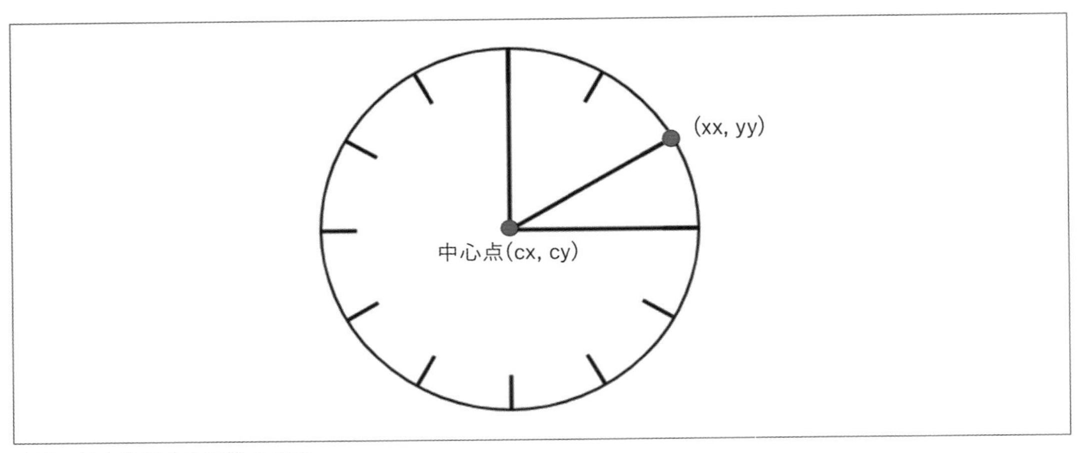

時計の針を描画する計算式の図

三角関数のSINとCOSを使って、以下のような計算で座標 [xx，yy] を計算できます。なお、SINとCOSの引数に与える値には、単位として度ではなくラジアンというものを指定する必要があるため『ラジアン変換』関数を用いて変換処理を行います。

[計算式] 中心点 (cx，cy) から座標 (xx，yy) を求める計算式

```
ra = 角度をラジアン変換
xx = cx + COS(ra) ×長さ
yy = cy + SIN(ra) ×長さ
```

それでは、上記の計算式を使って、12時と2時と3時を表す短針を描画してみましょう。

file: src/ch5/tokei_test.nako3

```
CX=150 # 中心点の座標
CY=150
# 描画の設定 --- 1
4に線太さ設定。
黒色に線色設定。
白色に塗色設定。
時計盤描画。

# 指定角度で針を描画する --- 2
●(角度の)針描画とは
    RA=(角度-90)をラジアン変換
    XX=CX+COS(RA)×CX
    YY=CY+SIN(RA)×CX
    [CX,CY]から[XX, YY]へ線描画。
ここまで。

●時計盤描画とは
    # 背景の円を描画 --- 3
    [CX,CY]へCXの円描画。
    (12÷12×360)の針描画。# 12時 --- 4
    (2÷12×360)の針描画。 # 2時
    (3÷12×360)の針描画。 # 3時
ここまで。
```

プログラムを実行すると右のように、中心点から12時、2時、3時の方向に線を引いた図形を描画します。

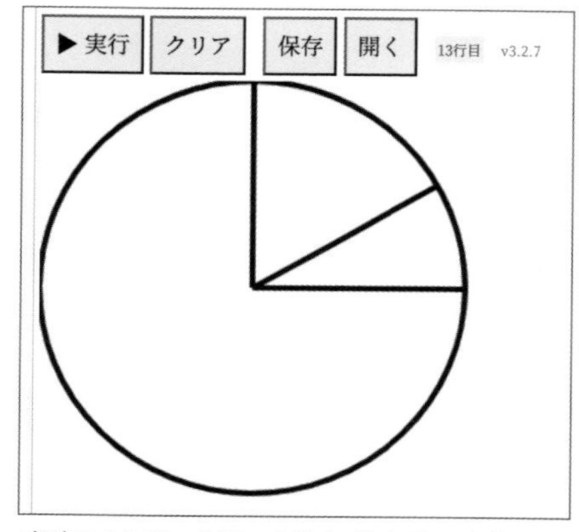

時計の12時、2時、3時に線を引いたところ

詳しくプログラムを確認してみましょう。1の部分では図形の描画に関する設定を行います。『Nに線太さ設定』でこれから描画する図形の線の太さを指定します。『(色)に線色設定』で線の色を、『(色)に塗色設定』で塗り潰しの色を設定します。

続いて2では指定角度で針を描画する関数『針描画』を定義します。なお先ほど紹介した計算式と違うのは、12時を角度の起点(0度)とするために、-90度している点だけです。

3では『円描画』命令を使って円を描画します。この命令は、『[x, y]へ(半径)の円描画』という書式で利用します。これにより[CX, CY]を中心に、半径CXの正円を描画します。

そして、4の部分で、2で定義した『針描画』関数を任意の角度で呼び出します。例えば、12時を表す角度は「12時÷12×360」、2時を表す角度は「2時÷12×360」のような書式で表現できます。

✻アナログ時計を完成させよう

さて、ここまでの部分で、アナログ時計の開発を行う上で必要となる、基本的な要素を押さえることができました。それではプログラムを完成させましょう。

file: src/ch5/tokei_anarogu.nako3

```
# 時計の描画サイズなどを指定
CX=150 # 中心点のX座標
CY=150 # 中心点のY座標
余白=5 # 左上マージン
「時計描画」を1秒毎。# --- 1

●時計描画とは
    時計盤描画。
    # 現在時刻を得る --- 2
    変数[時,分,秒]=(今を「:」で区切る)
    # 角度計算 --- 3
    時角度=(時%12)÷12×360+(分÷60)×30
    分角度=分÷60×360
    秒角度=秒÷60×360
    # 針を描画 --- 4
    黒色の15を(CX×0.5)と時角度で針描画。
    青色の10を(CX×0.8)と分角度で針描画。
    赤色の4を(CX×0.9)と秒角度で針描画。
ここまで。

●(色のサイズを長さと角度で)針描画とは # --- 5
    RA=(角度-90)をラジアン変換
    XX=CX+COS(RA)×長さ
    YY=CY+SIN(RA)×長さ
    色に線色設定。
    サイズに線太さ設定。
    始点=[余白+CX, 余白+CY]
    終点=[余白+XX, 余白+YY]
    始点から終点へ線描画。
 ここまで。

●時計盤描画とは
    全描画クリア。
    # 文字盤の背景を描画
    2に線太設定。
    黒色に線色設定。
    白色に塗色設定。
    [余白+CX,余白+CY]へCXの円描画。    # 外側の円を描画
    # 時間のメモリ描画 --- 6
    時を0から11まで繰り返す
```

```
        黒色の1をCXと(時÷12×360)で針描画。   # 1時間ごとのメモリを描画
    ここまで
    [余白+CX,余白+CY]へ(CX×0.8)の円描画。   # 内側の小さな円を描画
ここまで。
```

プログラムを実行すると次のようなアナログ時計を描画します。

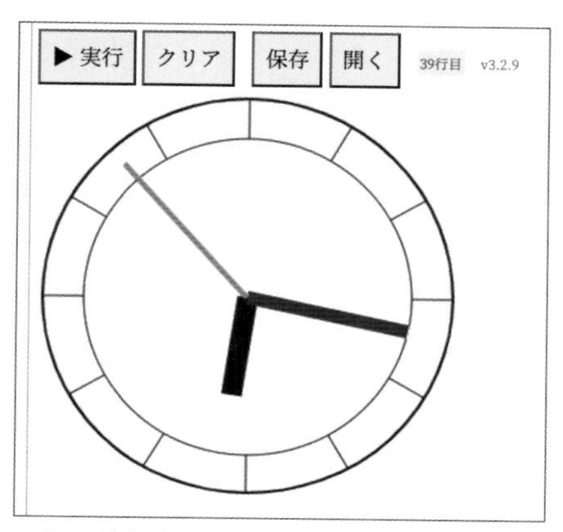

アナログ時計を作成したところ

プログラムを確認してみましょう。1で毎秒アナログ時計を描画するように指示します。そして、関数『時計描画』では、背景の時計盤、短針、長針、秒針の4つの要素を描画します。

2では現在時刻を得て、それを変数「時」「分」「秒」に分割します。そもそも『今』関数の戻り値は「時:分:秒」とコロン(:)で区切られています。そこで『区切る』関数(p.135)で「:」の位置で区切って変数に分割代入します。3では2で分割した現在時刻の時分秒ごとに針の角度を計算します。そして続く4で針を描画します。

5では『針描画』関数を定義します。この関数では指定された色、サイズ、長さ、角度の引数を利用して針を描画します。この部分は1つ前のプログラムとほとんど同じですが、針の描画設定を指定できるようにしたのと、余白の分だけ中心点をずらして描画するようにしています。

そして、『時計盤描画』関数では時計の背景を描画します。ここでは『全描画クリア』で描画をクリアした後、一番外側の円を描画し、その後6の部分では、1時間ごとのメモリを描画します。5で定義した『針描画』で12回描画した後『円描画』で小さな円を描画することでメモリを描画しつつ時計盤を見やすくしています。

まとめ

本節では、デジタル時計とアナログ時計と2種類の時計を作成しました。最初にデジタル時計を作り、それを元にしつつ、時計盤や時計の針を線や円の描画で表現するアナログ時計を作ってみました。

Chapter 5-02

お絵かきツールを作ろう

ブラウザで使えるお絵かきツールを作ってみましょう。お絵かきツールに自分の好きな機能を付け加えてみましょう。また、マウス操作の方法も学びましょう。

ここで学ぶこと お絵かきツール / マウス入力 / カラーコード

お絵かきツールを作ろう

パソコンやタブレットを買うと、最初からお絵かきツールが入っています。そのため、あまり自分で作ってみようと思わないかもしれません。それでも、お絵かきツールを自分で作ってみることで、それらのツールがどのように作られているのかが理解できます。

また、自分でツールを作ることの醍醐味ですが、好きな機能や面白い機能を追加できます。自分だけのお絵かきツールを作るなら、多彩な表現が可能となり、自分だけの芸術表現が可能になるかもしれません。これがツール開発の面白いところです。それでは、取りかかりましょう。

ここで作るお絵かきツール

マウスイベントの扱い方

お絵かきツールでは、基本的に、描画したい場所にマウスカーソルを動かして、マウスボタンを押すことで描画が行われます。そのため、クリックイベントを検出すること、そして、マウスがどこにあるのかが分かることが重要です。

マウスボタンが押されたことを検出するには『マウス押した時』という命令を使います。この関数は次のような書式で利用します。

書式 マウスボタンを押した時のイベント

```
(イベント対象)をマウス押した時には
    # ここにクリックした時の処理
ここまで。
```

マウスボタンが押された時、特殊変数『マウスX』と『マウスY』に自動的にカーソルの座標が代入されます。

なお、なでしこエディタでは、自動的に描画対象となるキャンバスが設定されるようになっており、変数『描画中キャンバス』を介してキャンバスが参照できるようになっています。それでは、キャンバスと『マウス押した時』のイベントを利用して、簡単なプログラムで動作を試してみましょう。

file: src/ch5/mouse.nako3

```
赤色に塗色設定。
[0, 0, 300, 300]に四角描画。

描画中キャンバスをマウス押した時には
    白色に塗色設定。黒色に線色設定。
    [マウスX, マウスY]へ20の円描画。
ここまで。
```

プログラムを実行してみましょう。するとエディタの下に赤色の正方形が描画されます。そこで、マウスカーソルを赤色の正方形の上に動かして、マウスボタンを押してみましょう。すると、白色の円が描画されます。

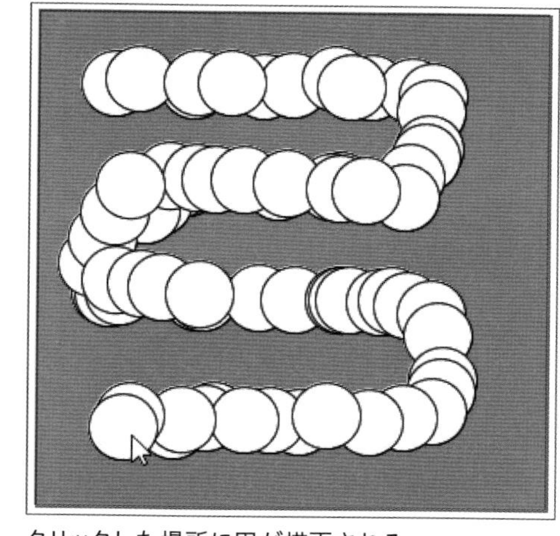
クリックした場所に円が描画される

Memo
マウスのない端末だとどうなる?

スマートフォンやタブレットで画面タッチした時にも『マウス押した時』のイベントが発生します。そのため、実際にはマウスがない端末でも『マウス押した時』が使えるようになっています。ただし、この後紹介する『マウス移動した時』は正しく動きません。代わりにタブレットやスマートフォンに対応するには『タッチ時』を使います。

ボタンを押している間描画するようにしてみよう

次に、一般的なペイントソフトのように、ボタンを押している間、描画が行われるように工夫してみましょう。そのために利用するのが、以下のマウスイベントです。

マウスイベント	説明
マウス押した時	マウスボタンを押した時のイベント
マウス離した時	マウスボタンを離した時のイベント
マウス移動した時	マウスカーソルを移動させると発生するイベント

上記のイベントが発生したタイミングで、変数『マウスX』『マウスY』の値が更新されます。上記イベントと変数を利用してお絵かきツールを作れます。

マウスを押し続けているかどうかはフラグで判定しよう

『マウス移動した時』というイベントは、マウスボタンを押しているかどうかに関わりなく発生します。そのためボタンを押している間、描画するようにするには工夫が必要です。マウスボタンを押した時と離した時に変数『フラグ』の値を書き換えるようにします。それでは、実際にプログラムを作ってみましょう。

file: src/ch5/paint_kantan.nako3

```
「#F0F0F0」に塗色設定。
[0, 0, 300, 300]に四角描画。

フラグ＝オフ。
描画中キャンバスをマウス押した時には # --- 1
    フラグ＝オン。
ここまで。

描画中キャンバスをマウス離した時には # --- 2
    フラグ＝オフ。
ここまで。

描画中キャンバスをマウス移動した時には # --- 3
    もし、フラグがオンならば
        赤色に塗色設定。黒色に線色設定。
        [マウスX, マウスY]へ10の円描画。
    ここまで。
ここまで。
```

プログラムを実行してみましょう。エディタの下に灰色の正方形が表示されるので、その上にマウスカーソルを動かします。そして、マウスボタンを押しながら、上下左右に動かしてみましょう。ボタンを押している間、赤丸の描画が行われます。

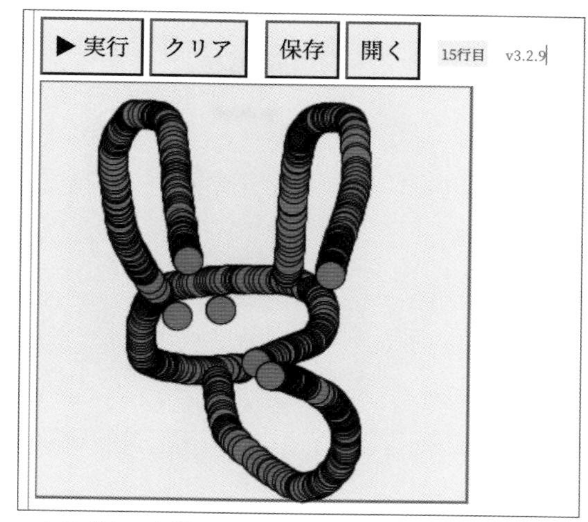

マウスボタンを押している間、描画が行われる

プログラムを確認してみましょう。

プログラムの❶では『マウス押した時』のイベントが起きた時、変数『フラグ』をオンにします。そして、❷の『マウス離した時』のイベントで変数『フラグ』をオフにします。そして、❸の『マウス移動した時』のイベントで、変数『フラグ』の状態に応じて描画するかどうかを決めるようにします。

カラーコードの指定方法について

ところでマウスイベントとは関係ありませんが、先ほどのプログラムの1行目で塗り色に薄い灰色を指定しています。具体的には「#F0F0F0」というカラーコードを指定しています。これは何でしょうか。

なでしこでは、基本的な色が定数として定義されています。「定数」というのは、値が変えられない変数のことです。以下のような基本的な色名が定義されています。

```
水色 / 紫色 / 緑色 / 青色 / 赤色 / 黄色 / 黒色 / 白色 / 茶色 / 灰色 / 金色 / 黄金色 / 銀色 / 白金色 / オリーブ色 / ベージュ色 / アリスブルー色
```

しかし、最近のコンピューターでは、16777216色（24ビットフルカラーの場合）が表現できます。そのため、すべての色を名前で呼ぶのは一般的ではありません。そこで、コンピューターでは、赤・緑・青の光の三原色をどの程度混ぜ合わせるかによって色を表現できるようにしています。

次は、参考までにFireAlpacaというアプリの色選択画面ですが、R（赤色）、G（緑色）、B（青色）のどのくらいの割合で混ぜた色か分かるようになっています。

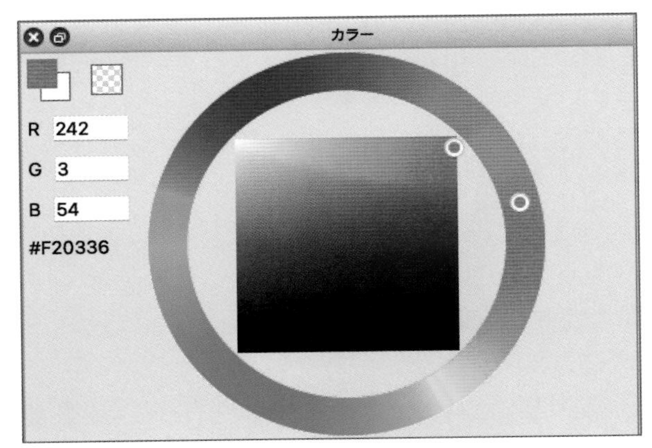

色コードについてペイントソフトの色選択画面

なでしこにも『RGB(赤,緑,青)』という関数が用意されており、この関数を利用することで赤緑青の混ぜ具合からカラーコードを生成してくれます。それぞれ、0から255の値を指定して色の混ぜ具合を指定できます。簡単に試してみましょう。

file: src/ch5/rgb_ironuri.nako3

```
10に線太さ設定。
RGB(255,0,0)に塗色設定。
RGB(0,0,255)に線色設定。
[150,150]に130の円描画。
```

上記のプログラムを実行すると、RGB(255,0,0)の色(=赤色)で円を塗りつぶします。また、RGB(0,0,255)の色(=青色)で円を縁取る線を描画します。

ここまでの部分で、色の指定方法が分かったと思います。なお、「#F0F0F0」のような指定方法ですが、これは赤緑青の三原色を16進数でそれぞれ指定した表現方法となっています。これは、Webページの表記に使う「HTML」などで標準的な色指定方法です。検索エンジンで「色見本」などと検索するとこの「#」から始まる色コードの一覧がたくさん見つかります。なでしこでもこの16進数で指定するカラーコードが使えるようになっています。

青色の線と赤色で円を塗りつぶしたところ

丸カッコと角カッコの区別について

なお『RGB(赤,緑,青)』の他に『[赤,緑,青]の色混ぜる』という関数も用意されています。『RGB』関数を使う場合、英語方式で関数を使うので丸カッコで引数を指定する必要があります。しかし、『色混ぜる』関数ならば配列の形式で値を指定するので角カッコを使います。次のプログラムは先ほどのものと同じ意味になります。このように「RGB」と「色混ぜ」の好きな書き方を選んで利用できます。

file: src/ch5/iromaze_ironuri.nako3

```
10に線太さ設定。
[255,0,0]の色混ぜして、塗色設定。
[0,0,255]の色混ぜして、線色設定。
[150,150]に130の円描画。
```

画面にボタンを作成しよう

また、お絵かきツールにペンと消しゴムを作りたいと思います。そこで、ペンボタンと消しゴムを作って、ボタンを押すことで機能を切り替えられるようにしてみましょう。画面にボタンを作成するには『(ラベル)のボタン作成』という命令を使います。まずは、簡単な書式を確認してみましょう。

書式 ボタンを作成する

```
ボタン＝「ラベル」のボタン作成。
ボタンをクリックした時には
    # ここにクリックした時の動作
ここまで。
```

上記の書式のように、「ボタン作成」でボタンを作成して、それをクリックした時の動作を指定するには『(ボタン)をクリックした時には ... ここまで』と記述します。

それでは、具体例を見てみましょう。以下はボタンを押したら挨拶を表示するプログラムです。

file: src/ch5/button.nako3

```
挨拶ボタン＝「挨拶」のボタン作成。
挨拶ボタンをクリックした時には
    「こんにちは」と表示。
ここまで。
```

プログラムを実行すると、「挨拶」というボタンが作成されます。そして、そのボタンを押すと「こんにちは」と表示されます。

こんにちは

挨拶

挨拶ボタンをクリックすると「こんにちは」と表示

✿お絵かきツールを完成させよう

これでお絵かきツールを作るのに必要な要素を確認することができました。本節の最後に、お絵かきツールを完成させましょう。

file: src/ch5/oekaki.nako3

```
# 初期設定 --- 1
フラグはオフ。
ペンサイズ＝8。
消しゴムサイズ＝30。
円サイズ＝ペンサイズ
黒色に線色設定。黒色に塗色設定。

# ボタンなどを作成 --- 2
黒ボタン＝「黒ペン」のボタン作成。
赤ボタン＝「赤ペン」のボタン作成。
消ボタン＝「消しゴム」のボタン作成。
保存ボタン＝「保存」のボタン作成。

# ボタンの動作を定義 ---- 3
黒ボタンをクリックした時には
    円サイズはペンサイズ。
    黒色に塗色設定。黒色に線色設定。
ここまで。
赤ボタンをクリックした時には
    円サイズはペンサイズ。
    赤色に塗色設定。赤色に線色設定。
ここまで。
消ボタンをクリックした時には
    円サイズは消しゴムサイズ。
    白色に塗色設定。白色に線色設定。
ここまで。
保存ボタンをクリックした時には
    描画ダウンロード。# --- 4
ここまで。

# マウスイベントの設定 --- 5
描画中キャンバスをマウス押した時には
    フラグはオン。
ここまで。
描画中キャンバスをマウス離した時には
    フラグはオフ。
ここまで。
描画中キャンバスをマウス移動した時には
    もし、フラグがオフならば、戻る。# ---- 6
    [マウスX，マウスY]に円サイズの円描画。# ---- 7
ここまで。
```

プログラムを実行してみましょう。なお、なでしこ簡易エディタだと描画領域が狭くなってしまうので、なでしこ3貯蔵庫（p.113参照）で実行してみましょう。上のプログラムを入力したら、キャンバスのサイズを400×400に設定して実行ボタンを押してみましょう。このお絵かきツールでは、「黒ペン」「赤ペン」「消しゴム」ボタンを押して、それぞれのツールを使って絵を描けます。そして、「保存」ボタンを押すと、描画した画像をダウンロードできます。

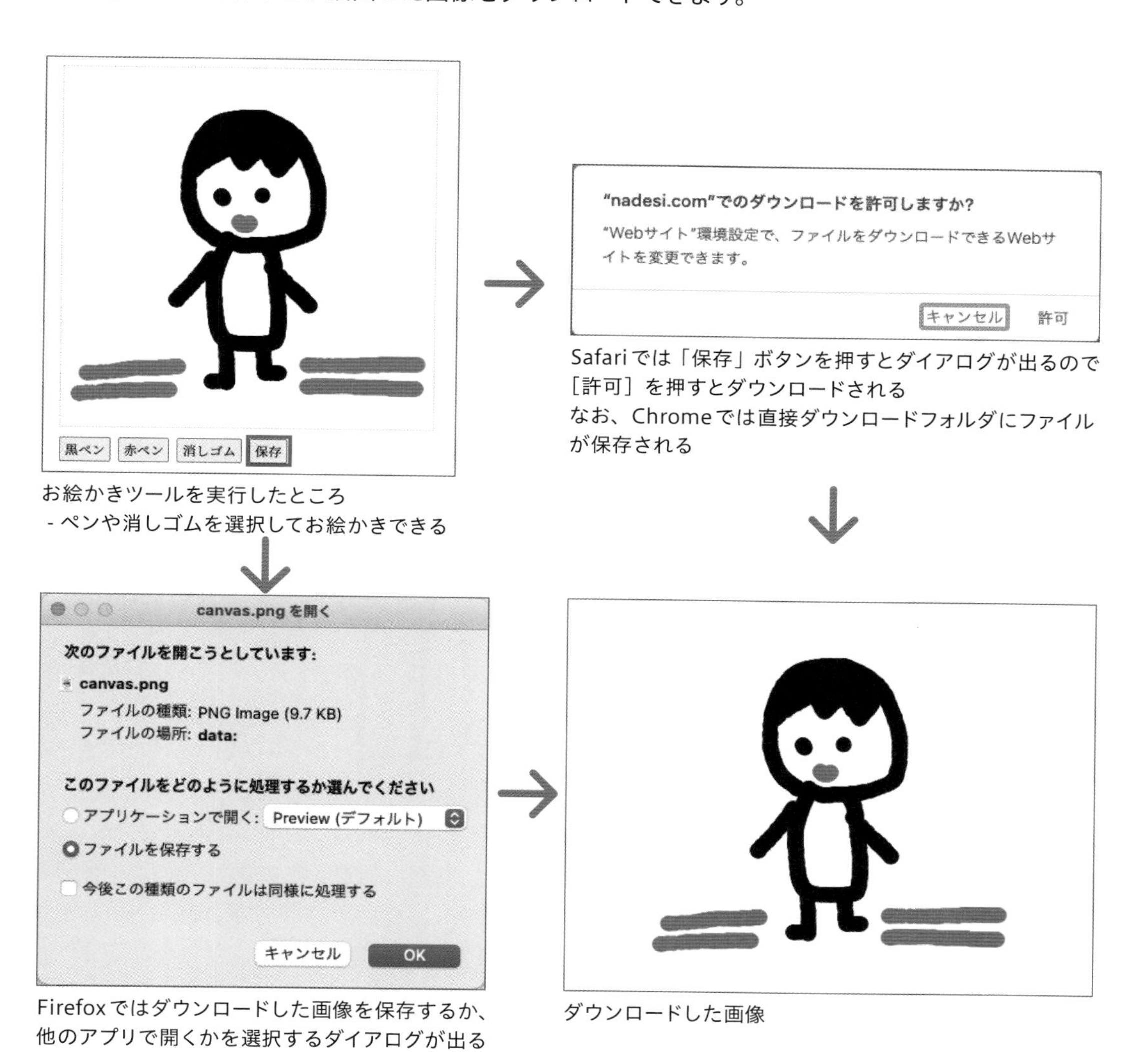

お絵かきツールを実行したところ
- ペンや消しゴムを選択してお絵かきできる

Safariでは「保存」ボタンを押すとダイアログが出るので［許可］を押すとダウンロードされる
なお、Chromeでは直接ダウンロードフォルダにファイルが保存される

Firefoxではダウンロードした画像を保存するか、他のアプリで開くかを選択するダイアログが出る

ダウンロードした画像

少しずつプログラムを確認してみましょう。1の部分ではプログラム全体で利用する変数を指定します。2では『ボタン作成』命令を記述して「黒ペン」「赤ペン」「消しゴム」の3つのボタンを作成します。そして3でボタンをクリックした時の動作を記述します。ここでは、ペンの太さや色を指定します。

4では、「保存」ボタンをクリックした時のイベントを記述しています。ここでは、描画内容をダウンロードするために『描画ダウンロード』命令を実行します。この命令を使うと、ブラウザでダウンロード処理が行われ、「ダウンロード」フォルダにPNG画像を保存します。

5以降の部分ではマウスイベントを指定します。マウス操作に応じてキャンバスに描画を行います。特に『マウス移動した時』のイベントの7で『円描画』命令を使うことでマウスの軌跡に線を描画します。

なお、6では変数「フラグ」がオフの時に「戻る」が実行されます。これによって「マウス移動時」の処理から抜けます。実は「…には」と記述すると、一時的な関数を記述するのと同じ意味になります（詳しくは、なでしこ3マニュアルのサイトで「文法/無名関数」と検索してください）。

お絵かきツール改良のヒント

描画するペンの太さや形を変更することで書き味を変えられます。プログラム中1の変数「ペンサイズ」の値を変更して試してみましょう。また、7の『円描画』命令を『四角描画』に変えることでも書き味が変わります。

例えば、7の部分を右のように改良できるでしょう。

```
# [マウスX,マウスY]に円サイズの円描画。
[マウスX,マウスY,4,16]に四角描画。
```

すると右のようにチョークのような書き味になります。1行変えるだけで、ずいぶん異なるペンになりますね。

ペンの形状を変えてみた

同じように、『文字描画』命令を使って任意の絵文字を描画するようにすれば、とてもユニークなお絵かきツールに改良できます。また、『線色設定』と『塗色設定』でペンを異なる色にすると面白い効果を出すこともできます。いろいろと試してみましょう。

まとめ

以上、本節ではお絵かきツールを作ってみました。基本的な描画ツールを作るのに役立つ命令をたくさん学びました。また、改良のヒントで紹介したように、プログラムをちょっと変えるだけで書き味が変化します。理想のお絵かきツールを目指して改良してみてください。自分だけのオリジナルツールの開発は、とても楽しいものです。

Chapter 5-03

迷路ゲームを作ろう

遺跡に眠る宝を目指して迷路をさまよう冒険ゲームを作ってみましょう。ここでは迷路ゲームを作ってみましょう。迷路を表現するために二次元配列変数を学びます。また、キーボードの操作方法も紹介します。

ここで学ぶこと **迷宮の設計 / キー入力 / 二次元配列変数**

キーボードで操作する迷路ゲームを作ろう

古来より「迷宮」は多くの人を惹きつけてきました。迷宮に眠る古代遺跡やお宝を目指して、多くの冒険者が挑戦をしてきたのです。現代日本でも「徳川の埋蔵金」や「武田信玄の埋蔵金」など、多の埋蔵金伝説が残っており、ゲームの題材となってきました。

このような迷宮探検ゲームを遊ぶのはとても楽しいものです。ここで視点を変えて財宝を隠す立場になってみましょう。ゲーム開発者は、迷宮を設計し罠を仕掛け宝を隠します。これはクリエイティブで楽しい作業です。本節では迷路を設計したり、罠をしかけたりと、迷路の中をさまようゲームを作ってみましょう。

ここで作る迷路ゲーム

改良して複雑な迷路を作ろう

✻キー入力イベントを受け取る方法

前節では、マウスの扱い方を学んだので、次はキーボードの入力に対応するプログラムを作ってみましょう。キーが入力されたタイミングで何か処理を行うには、『キー押した時』などの関数を使います。『マウス押した時』と同じような方法で制御できます。簡単に書式を確認してみましょう。

書式　キー押した時の使い方

```
(イベント対象)のキー押した時には
    # ここにキーを押した時の処理
ここまで。
```

そして、キーボードのキーが押された時には、変数『押したキー』にキーの名前が代入されます。それから、マウスイベントに、『マウス押した時』、『マウス離した時』があったようにキーイベントにも以下のような関数が用意されています。

キーイベント	説明
キー押した時	キーを押した時に実行するイベント
キー離した時	キーを離した時に実行するイベント
キータイピングした時	キーをタイプした時に実行するイベント

なお、キー入力イベントを取得できるのは、キーの入力ができるテキストボックスなどの部品か、ブラウザのページ全体です。

ここでは、ページ全体のキー入力を得て、画面に押されたキーを表示するプログラムを作ってみましょう。ページ全体のキー操作を取得するので、ページ全体を表す変数『DOCUMENT』に対してキーイベントを設定します。

file: src/ch5/keyboard.nako3

```
「キーを押してみてください」と表示。
DOCUMENTのキー押した時には
    「キー押した時：{押したキー}」を表示。
ここまで。
```

上記のプログラムを実行したら、適当なキーを押してみましょう。特殊変数『押したキー』に押されたキーの名前が代入されます。

キーボードの入力を検出したところ

Memo

『キー押した時』と「キータイピングした時」の違いは？

キーを押した時に発生するイベントには『キー押した時』と『キータイピングした時』の2つがあります。これはどう違うのかでしょうか。最も大きな違いは、『キー押した時』と「キー離した時」では shift キーなどの修飾キーを押した時や、↑キーなどのカーソル（矢印）キーを押した時にもイベントが発生します。

しかし、『キータイピングした時』では shift キーやカーソルキーは取得できません。その代わり、shift キーと a キーを同時に押した時には、大文字の「A」が変数「押されたキー」に代入されます。

迷路データはどうやって表現したら良い？

なお、迷路ゲームを作る時に、最も考えなくてはならないのが、「迷路データ」をどのような形式で表現したら良いのだろうかという点です。例えば、方眼紙を使って迷路を書いた時のことを思い浮かべてみましょう。どのように迷路を作りますか。

いろいろな方法で迷路を表現できますが、ここでは方眼紙の各マスを「通路」か「壁」という2種類で表現したと考えてみましょう。すると、以下のような迷路を描くことができるしょう。

方眼紙に迷路を描いてみたところ

そして、これをゲームデータに置き換えてみましょう。例えば、通路を0、壁を1と表現するのです。どうなるでしょうか。

	A	B	C	D	E	F	G	H	I	J	K	L	M
1	1	1	1	1	1	1	1	1	1	1	1	1	
2	1	0	0	0	0	1	0	0	0	1	0	1	
3	1	0	1	1	0	1	0	1	1	1	0	1	
4	1	0	1	0	0	1	0	0	0	1	0	1	
5	1	0	1	0	1	1	0	1	0	1	0	1	
6	1	0	0	0	1	0	0	1	0	0	0	1	
7	1	0	1	0	0	0	1	1	0	1	0	1	
8	1	1	1	1	1	1	1	1	1	1	1	1	
9													

通路を0、壁を1で表現してみたところ

分かりやすく壁を表す1のデータにのみ色を付けてみましたが、方眼紙の迷路が綺麗にデータ化できたことが分かります。しかし、こうした表のデータ、どこかで見たことがありませんか？……そうです。これは、ExcelやGoogleスプレッドシートなどの表計算ソフトで作った迷路です。

表計算ソフトって、家計簿とか計算にしか使えないと思っていた方も多いと思いますが、迷宮の設計にも使えるツールだったのです！

表計算ソフトで迷路を設計しよう

表計算ソフトで迷路を入力してみましょう。ExcelでもGoogleスプレッドシートでも大丈夫です。まずはすべてのセルを選択します。表の左上の角（Aの左側、1の上側の部分）をクリックすると全部のセルを選択できます。この状態で「A」や「1」と書かれているセルの枠線をドラッグすると、すべてのセルの大きさを変更できます。そこでセルが正方形に近くなるように大きさを調整します。そして、壁となるセルを1、通路となるセルを0と値を入力していくだけです。

なお、「条件付き書式」の機能を使うと、特定の値のセルの背景を塗りつぶすことができます。これを使って壁に使う値1のセルのみ茶色に塗りつぶすことができます。例えば、Googleスプレッドシートでは、先ほどと同じようにシート内のすべてのセルを選択した状態で、メニューより［表示形式 > 条件付き書式］をクリックします。そこで書式ルールに条件を指定します。条件として「次と等しい」を選びます。そして、値に1を指定します。それから、背景色に茶色を選びます。すると、壁を表す1を入力したセル画が茶色になります。

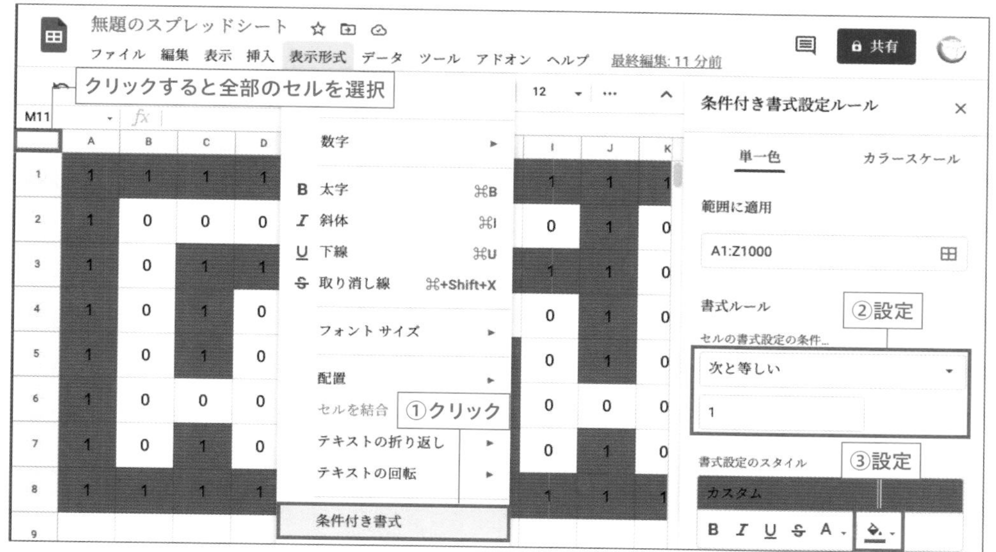

条件付き書式を使えば迷路製作がとてもはかどる

迷路の作り方が分かったら、迷路を設計してみましょう。ここでは、縦8行×横12列の小さな迷宮を作ったものとします。皆さんも好きなように迷路を作ってみてください。なお、ゲームでプレイヤーの冒険開始位置を左上のA1とし、ゴールの位置を右下のK7としますので、その場所まで道がつながるような迷路にしてください。

迷路データをCSV形式でエクスポートしよう

Chapter 4でもグラフのところでCSVファイルについて紹介しました(p.151)。表計算ソフトには大抵、CSVファイルでデータをエクスポートする機能が付いています。迷路データを作ったら、CSVファイルでエクスポートしましょう。

Googleスプレッドシートでは、メニューから［ファイル＞ダウンロード＞カンマ区切りの値］を選択します。

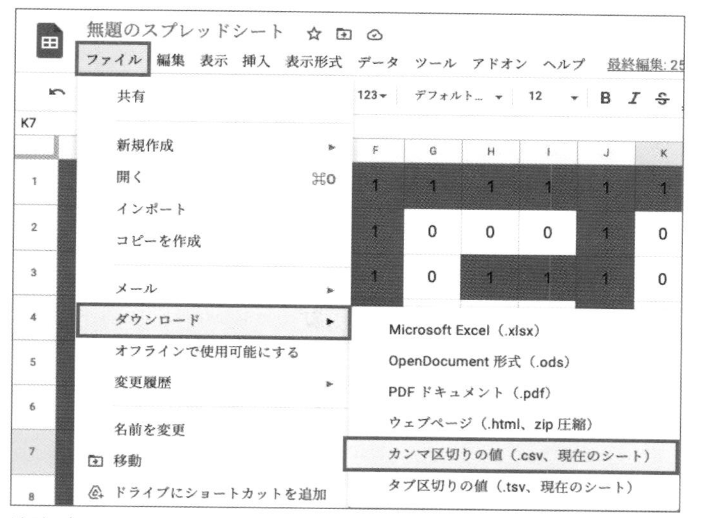

迷路データをCSVでダウンロードしよう

そして、CSV形式の迷路データをダウンロードしたら、ファイルを「なでしこ3貯蔵庫」にアップロードしましょう。すると、CSVファイルをなでしこのプログラムから読み込んで使えるようになります。

なでしこ3貯蔵庫へアップロード
[URL] https://n3s.nadesi.com/index.php?action=upload

もし、ファイルをアップロードできない場合や、手順を飛ばしたい場合、今回のサンプルでは以下のURLを利用してください。実際にアップロードした方は、以下のようなURLが表示されるので覚えておいてください。

アップロードしたCSVファイルのURL:
https://n3s.nadesi.com/image.php?f=19.csv

なお、Chapter 4で紹介したように別のWebサイトにアップロードしたファイルを読み込んで使うこともできます。ただし、その際には、Webサイトの設定で「access-control-allow-origin: *」ヘッダを出力して、外部サイトへの利用許可を付与する必要があります。詳しくはChapter 4のp.160をご覧ください。

✿ 二次元配列変数を理解しよう

なお、表計算ソフトからCSVファイルを出力したように、この形式のデータは、横方向（行）と縦方向（列）の二次元データから成り立っています。こうした縦横二次元のデータを扱うには「二次元配列変数」として扱います。ゲームの迷路データやパズルのステージデータなどを表現するのに使えます。

二次元配列変数というのは、配列変数の中に配列変数が代入されているという状態です。

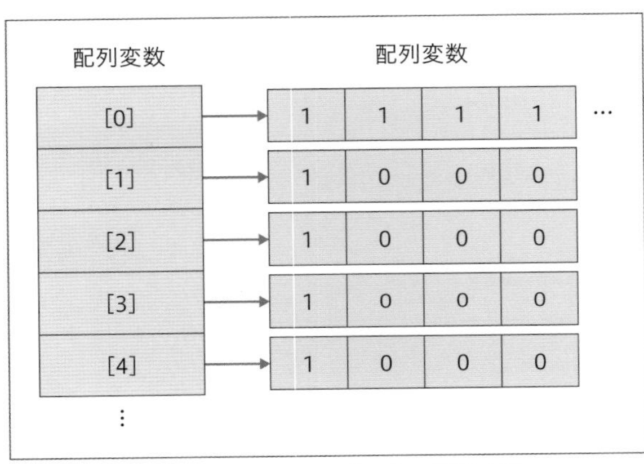

配列の中に配列が入っているのが二次元配列変数

二次元配列変数をなでしこで表現するには、次のように記述します。

file: src/ch5/hairetu2.nako3

```
# 二次元配列変数を宣言
迷路=[
  [10,11,12,13,14],
  [20,21,22,23,24],
  [30,31,32,33,34]
]
# 二次元配列変数を参照
迷路[0][0]を表示 # → 10
迷路[1][2]を表示 # → 22
迷路[2][0]を表示 # → 30
```

プログラムを実行すると以下のように表示されます。

```
10
22
30
```

二次元配列変数では『変数[行][列]』の書式でアクセスできる点に注意しましょう。なぜなら配列変数の中に配列変数が入っているからです。

迷路ゲームを作ろう

以上で、迷路データの準備ができました。次にゲーム本体を作ってみましょう。「なでしこ3貯蔵庫」を開いて、画面右上から「新規」ボタンをクリックしましょう。そして、以下のプログラムを入力します。

file: src/ch5/meiro.nako3

```
# 初期設定 --- 1
PX=1。PY=1。# プレイヤーの初期座標
W=40。# タイルの幅
迷路=[]
迷路URL=「https://n3s.nadesi.com/image.php?f=19.csv」

# データを読み込む --- 2
迷路URLからAJAX受信した時には
    対象をCSV取得して迷路に代入。
    迷路描画処理。
ここまで。
```

```
●迷路描画処理とは # --- 3
    Yを0から7まで繰り返す
        Xを0から11まで繰り返す
            V＝迷路[Y][X]
            XとYにVのタイル描画。
        ここまで。
    ここまで。
    # プレイヤーの描画 --- 4
    青色に塗色設定。
    30の描画フォント設定
    [PX×W+5,PY×W+30]に「♪」の文字描画。
ここまで。

●(XとYにVの)タイル描画とは # --- 5
    灰色に線色設定。1に線太さ設定。
    もし、V=0ならば、白色に塗色設定。
    もし、V=1ならば、茶色に塗色設定。
    [X×W,Y×W,W,W]に四角描画。
ここまで。

# キーボードイベントを設定 --- 6
DOCUMENTのキー押した時には
    X=PX。Y=PY。# 仮の移動座標
    もし、押したキーが「ArrowUp」ならば、Y=Y-1。
    もし、押したキーが「ArrowDown」ならば、Y=Y+1。
    もし、押したキーが「ArrowLeft」ならば、X=X-1。
    もし、押したキーが「ArrowRight」ならば、X=X+1。
    # 壁を突き破らないよう座標をチェック --- 7
    もし、(X<0)または(Y<0)ならば、戻る。
    もし、(X≧12)または(Y≧8)ならば、戻る。
    # 移動先が壁なら進めない --- 8
    もし、迷路[Y][X]が1ならば、戻る。
    PX=X。PY=Y。# 正式にプレイヤーを移動 --- 9
    迷路描画処理。
    # クリア判定 --- 10
    もし、PX=10かつPY=6ならば
        「ゲームクリア」と表示。
        PX=1。PY=1。
    ここまで。
ここまで。
```

キャンバスを「480」×「320」のサイズに変更してから「実行」ボタンを押しましょう。ゲームが始まります。

迷路ゲームの始まり - ♪がプレイヤーだ

カーソルキーでプレイヤーを動かせる

右下のゴールにたどり着くとゲームクリアとなる

プログラムで遊んでみたら、プログラムを確認してみましょう。

1ではプレイヤーの初期位置を表す変数「PX」と「PY」や、方眼紙の1マスに相当するタイルのピクセルサイズを表す変数「W」、迷路データを表す二次元配列変数「迷路」などを初期化します。

2ではWebサイトより迷路データを読み込みます。『AJAX受信した時』命令（p.144）を使ってWebサーバーからCSVファイルを読み込みます。読み込みが完了したら迷路データを描画します。

3で迷路全体を描画します。ここでは、8×12のサイズの迷路を描画します。『繰り返す』構文をY方向とX方向の二重の入れ子状に指定します。カウントを0からスタートして、縦方向（Y）は0から7まで繰り返して8行のマスを描き、横方向（X）は0から11まで繰り返して12列のマスを描きます。これによって8×12で合計96マスを描画します。その後、4でプレイヤーを描画します。ここではプレイヤーとして記号の「♪」を描画します。

5では迷路のタイル1つを描画します。通路（0）であれば白色で塗り、壁（1）であれば茶色で描画するよう『塗色設定』命令を実行した後で長方形を描画する『四角描画』命令を実行します。

6の部分ではキーボードイベントを取得するように設定します。押したキーがカーソルキーであればプレイヤーの座標を更新します。なお、カーソルキーを押すと特殊変数『押したキー』に次の表の値が設定されます。

設定される値（押したキー）	どのキーを押したか
ArrowUp	カーソルキーの↑キー
ArrowDown	カーソルキーの↓キー
ArrowLeft	カーソルキーの←キー
ArrowRight	カーソルキーの→キー

7では移動後のプレイヤーの座標を確認して、迷路の範囲外でないことを確認します。そして8では移動先が壁（1）かどうかを判定します。壁でなければプレイヤーの座標を表す変数PXとPYを9で更新して迷路画面を描画します。

なお、7と8で『戻る』文を記述しています。これは簡単にChapter 3（p.107）でも紹介しましたが、関数の途中で処理を中断して抜けるものです。ここではプレイヤーが迷路マップの範囲から外れた時、壁にぶつかった時に『戻る』文を使って関数を抜けます。

そして、最後の10の部分では座標を確認してゴールであれば「ゲームクリア」と表示してプレイヤーを初期座標に戻します。

改造のヒント

なお、ゲームを遊んでみると分かりますが、迷路が簡単すぎてすぐにクリアできてしまいます。そこで、プレイヤーの開始場所やゴールの場所を変更してみましょう。それによりくまなく迷路を探さないといけなくなるのでゲームが面白くなります。

また、迷路全体のサイズを大きくして迷路をもっと複雑にするのも手です。罠を仕掛けることにして、ある場所に到達すると、スタート地点に戻ってしまうとか別の迷路に飛ばされてしまうなどの仕掛けを作るのも楽しいことでしょう。

改良後のプログラム

プログラムを少し改良したプログラム「meiro55.nako3」をサンプルプログラムに収録しました。プログラムがほとんど同じなので掲載を省いています。なでしこ3貯蔵庫で、Canvasサイズを550x550にして実行してみてください。宝を回収してゴールを目指すゲームに仕上げました。通路と壁だけでなく、罠や金貨、ゴールも迷路データに含めることにしました。以下のように修正しています。

（1）迷路サイズを55×55に変更
（2）迷路に宝を配置
（3）迷路に罠を配置 … 罠に当たるとスタートに戻ってしまう
（4）迷路マップの値は、0：通路、1：壁、2：罠、3：金貨、4：ゴールとしました。なお、あえて罠と金貨を同じ黄色で表しています。金貨と思ったら罠だったということがあり得ます。

プログラムを実行して内容を確認してみてください。

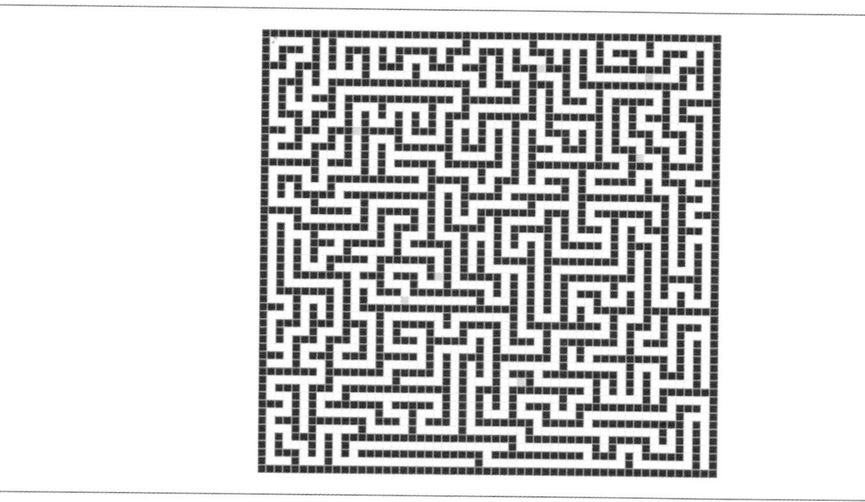

55×55のサイズにすれば迷路はかなり複雑

宝を回収してゴールを目指すゲーム

ただし罠にはまるとスタートに戻ってしまう

まとめ

迷路ゲームに限らず、ゲームのデータを表すには二次元配列変数を利用します。本節の内容を参考にして、ほかのゲームを作る場合も同じようなテクニックが使えます。迷路だけでなくパズルやアクションゲームも同じように表現できます。また、キーボード操作もゲーム作りには欠かせないものなので覚えておきましょう。

Chapter 5-04

リアルタイムチャットを作ってみよう

昨今、気軽にメッセージをやり取りできるLINEなどのツールは、とても身近になっています。友達と気軽にメッセージをやり取りするのは楽しいものです。そこで、ここではチャットツールを作ってみましょう。

ここで学ぶこと　サーバーとクライアント / WebSocket / Colab

ここで作るチャットアプリ

「チャット（chat）」というのは、複数人がインターネット上でメッセージをやりとりするWebサービスです。ここで作るのは、チャットに参加した人がリアルタイムにメッセージをやりとりするプログラムです。

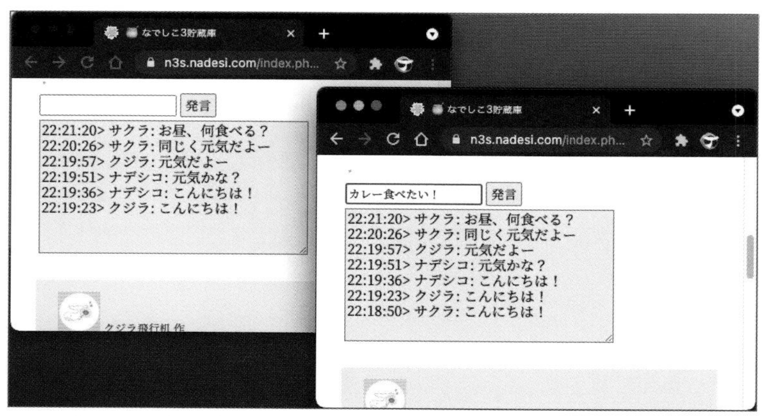

ここで作るチャットアプリ

リアルタイムチャットの仕組み

最初に、メッセージを送受信できるチャットの仕組みについて考察してみましょう。インターネットを介して提供される多くのサービスは、「クライアントサーバーモデル」で成り立っています。これは、サービスを提供するサーバーに対して、サービスを受けるクライアントが接続して、サーバーとの間でデータをやり取りすることで成り立つものです。

これは例えて言うなら、サービスを提供するお店にお客が買い物に行くことに似ています。お店は複数のお客に対して、いろいろな商品やサービスを提供します。お客が「あれが欲しい、これが欲しい」と要求を出すと、お店はそれに応える形で情報や商品などのサービスを提供します。Webサーバーの仕組みもこれと同じです。ブラウザでサーバーに接続して「あのページが見たい」と要求を出すと、サーバーではページの内容を返信します。

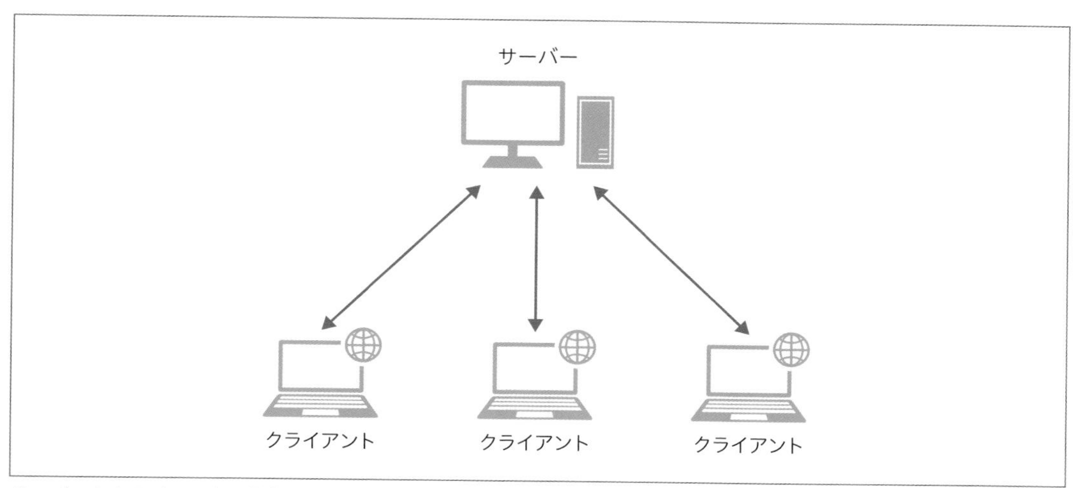

サーバーとクライアントの関係はお店とお客のようなもの

それでは、メッセージを送受信するチャットはどのような仕組みで成り立っているのでしょうか。例えば、A、B、Cの三者が参加しているグループチャットの場合、Aが発言するとチャットに参加しているすべてのメンバー(A、B、C)に対してAが発言した旨が通知されるという仕組みになっています。

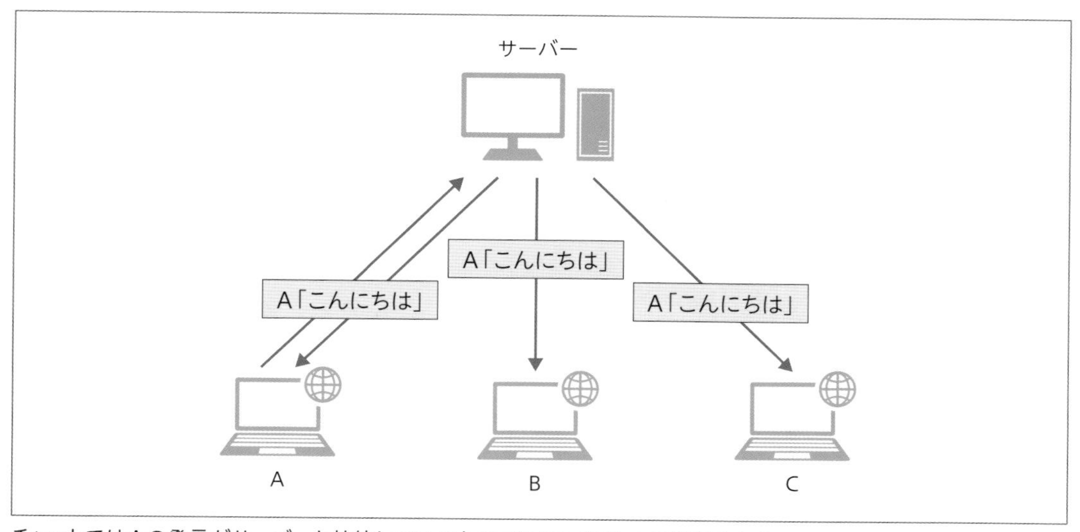

チャットではAの発言がサーバーと接続しているすべてのクライアントに送信される

✻ Google Colabをサーバーとして使おう

なお、ブラウザで動くチャットを作るのに適しているのは、「WebSocket（ウェブソケット）」という仕組みです。これは主要ブラウザに採用されているリアルタイム通信のための仕組みです。なでしこにも、WebSocketを使うための命令が標準で備わっています。

ここまで説明してきたように、リアルタイムチャットを作ろうと思ったら、WebSocketのためのサーバーを用意する必要があります。とはいえ、残念ながらブラウザに備わっているのは、WebSocketクライアントとしての機能だけです。ブラウザだけではサーバーを起動できません。

それで、なでしこ3のPC版を使います。PC版にはWebSocketサーバーを起動する機能が用意されています。ただし、自宅や職場のPCでサーバーを起動して、それを世界中に公開するのは、セキュリティ上の理由でオススメできません。

そこで活用したいのが、「Google Colaboratory（通称Colab：コラボ）」です。ColabはGoogleが学生や研究者のために無償で提供しているクラウドサービスです。Colabを使うと高性能なコンピューターを最大12時間※1自由に使うことができます。Googleアカウントがあれば、誰でも利用できます。

それでは、Colabを利用して、チャットサーバーをセットアップしましょう。

Colabはもともと Pythonというプログラミング言語の実行環境ですが、ちょっと工夫すると、なでしこ3やその他のツールをインストールして使うことができます。

(1) Colabにアクセスしよう

以下のURLにアクセスして、Googleアカウントでサインインしましょう。もし、Googleアカウントがない場合には作成しましょう。ここでは、アカウントの登録手順は省略します。

Google Colaboratory（略称Colab）
[URL] https://colab.research.google.com/

※1　Colabには、ブラウザ画面を閉じる、何もせずに90分間放置する、連続12時間使う場合に、マシンがリセットされるという制限があります。

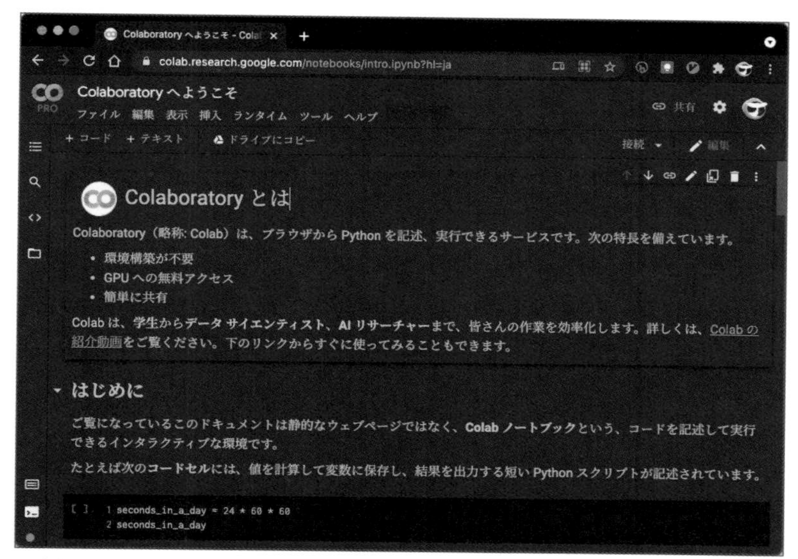

Colabにアクセスしたところ

(2) 新規ノートブックを作成しよう

Colabを表示したら、最初に新規ノートブックを作成しましょう。画面上部のメニューから［ファイル > ノートブックを新規作成］をクリックします。

新規ノートブック

(3) セットアップコマンドを実行しよう

続いて、表示された入力ボックス（これをセルと呼びます）に、以下の2行のコマンドを実行します。 このコマンドはColabでサーバーの起動に必要な手順を起動したスクリプトを実行して、WebSocketサーバーを起動するものです。

```
!curl "https://n3s.nadesi.com/plain/546.nako3" > setup.sh
!/bin/bash ./setup.sh
```

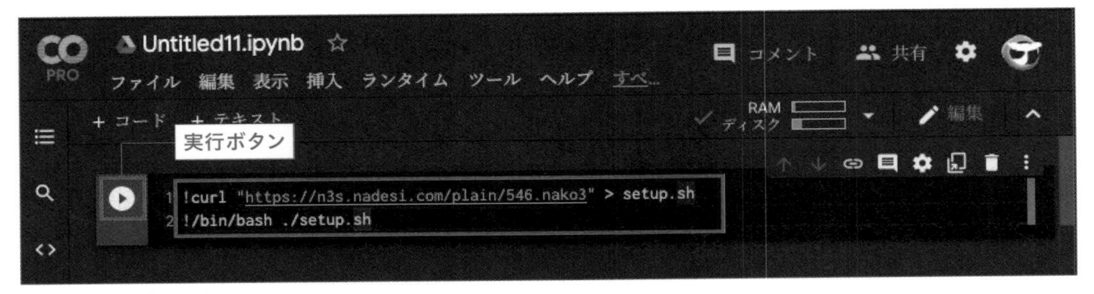

コマンドを入力しよう

そして、コマンドを入力したら、左側にある実行ボタンを実行します。すると、なでしこ3のPC版やWebSocketやサーバー公開のためのツールcloudflaredなどを一気にインストールしてWebSocketサーバーを起動します。サーバーが起動すると「`Your Quick Tunnel has been created! Visit it at:`」と表示されます。その下に「`******.trycloudflare.com`」のようなアドレスが表示されます。このアドレスは実行するたびに変化します。このアドレスをコピーしておきましょう。このアドレスは実行するたびに変化します。このアドレスをコピーしておきましょう。

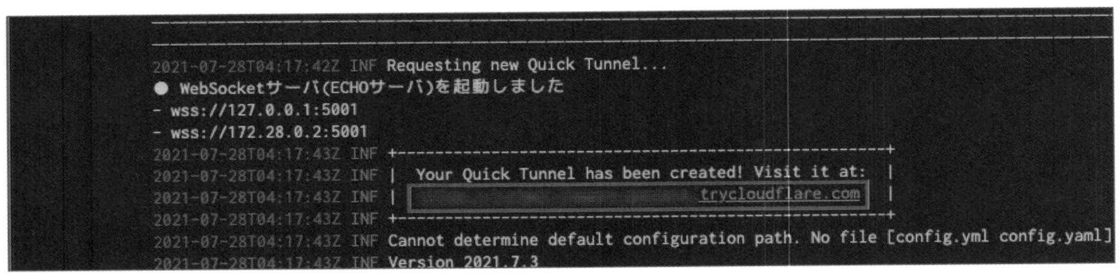

サーバーのURLが生成されるのでメモしておこう

サーバーに接続してチャットを作ろう

以上でサーバー側の準備は完了です。次に、クライアント側のプログラムを作りましょう。簡単にメッセージを送受信するだけのチャットです。

file: src/ch5/chat.nako3

```
# 初期設定 --- 1
名前＝「名無し」
発言ボックス＝「こんにちは！」のエディタ作成。
発言ボタン＝「発言」のボタン作成。改行作成。
ログエリア＝「」のテキストエリア作成。

# WebSocketから受信するイベントを設定 ---2
WS受信時には
    ログエリアのテキスト取得して、ログに代入。
    ログエリアに(対象&改行&ログ)をテキスト設定。
ここまで。
```

```
# 発言ボタンのイベントを設定 --- 3
発言ボタンをクリックした時には
    内容=発言ボックスのテキスト取得。
    「{今}> {名前}: {内容}」をWS送信。
    発言ボックスに「」をテキスト設定。
ここまで。

# サーバーのURLと名前を尋ねてサーバーに接続する --- 4
「サーバーのアドレスを入力してください」と尋ねる。
「https://」を「」に置換して、「wss://{それ}」をサーバーURLに代入。
「あなたの名前は？」と尋ねて、名前に代入。
サーバーURLへWS接続。
```

プログラムを実行したら、先ほどの手順で入手したサーバーのURLを入力します。そして、続いて自分の名前を入力します。

サーバーのURLを入力

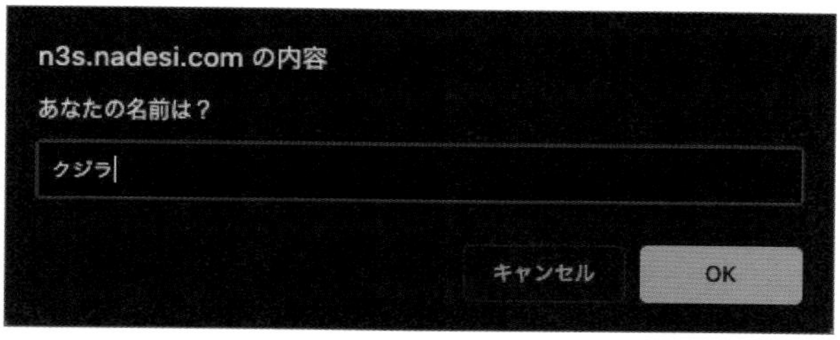

名前を入力

そして、メッセージを入力して［発言］ボタンをクリックすると、発言ボックスの下にメッセージが表示されます。

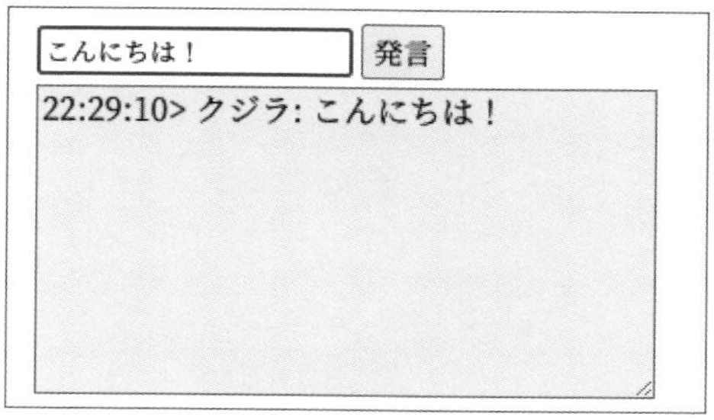

メッセージを入力して［発言］ボタンをクリックする

自分だけで実行していると本当にチャットが動いているのか分からないかもしれません。そこで、ブラウザで複数のウィンドウを開いて同様の手順で実行してみてください。サーバーのURLさえ合っていれば、いくつ開いても動きます。そして、発言内容がすべてのタブに通知されるので動いていることが分かります。

複数のタブで開いて、違う名前でチャットをしてみよう

チャットプログラムの流れを確認してみよう

動作を確かめたところで、プログラムを確認してみましょう。まずはプログラムの流れを確認しましょう。プログラムの4の部分では、サーバーのアドレスを尋ねて、WebSocketサーバーに接続します。サーバーに接続するには『WS接続』命令を使います。そして、3の部分ですが、発言ボタンをクリックした時には、『WS送信』命令を利用してメッセージをサーバーに送信します。WebSocketサーバーはデータを受信すると接続中のクライアントすべてに文字列データを送信します。すると、2の部分で定義した『WS受信時』のイベントが発生します。そこで、WS受信時にテキストエリアに受信したメッセージを表示します。

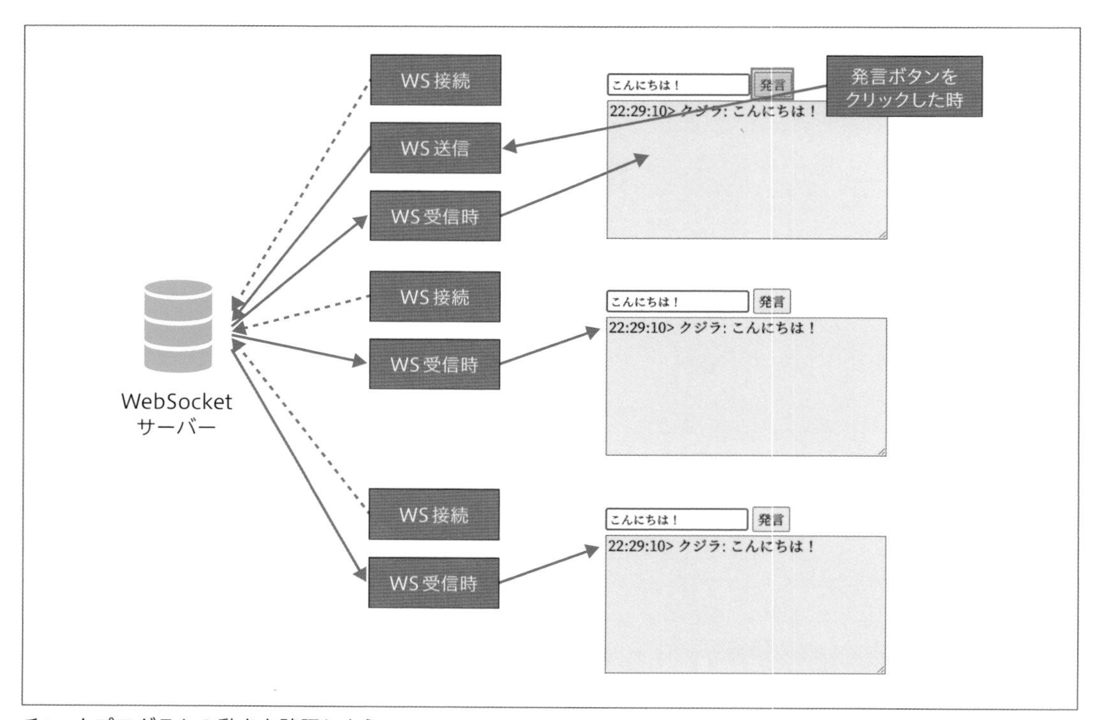

チャットプログラムの動きを確認しよう

チャットプログラムを確認しよう

流れが分かったところで、プログラムの他の部分を詳しく見ていきましょう。

プログラムの冒頭1ではプログラムの初期化を記述します。ここでは、エディタやボタン、テキストエリアなどを作成します。

2ではWebSocketサーバーからメッセージを受信するイベントを設定します。ここでは、変数『ログエリア』の内容を取得して、それに受信した内容を追記します。メッセージを受信するために『WS受信時』命令を使います。この命令は以下のような書式で使います。

書式 WebSocketサーバーからメッセージを受信する

```
WS受信時には
    # ここにメッセージを受信した時の処理を記述
ここまで。

(URL)へWS接続。
```

このように記述すると、WebSocketサーバーに接続します。そして、メッセージを受信するたびに『WS受信時』の処理が実行されます。そして、受信したメッセージは、特殊変数『対象』に代入されます。

3では発言ボタンをクリックした時の処理を記述します。サーバーにメッセージを送信するには、『(文字列)をWS送信』命令を実行します。そして、4ではサーバーのアドレスと名前を尋ねた後、『WS接続』命令を使ってサーバーに接続します。

スマートフォンやタブレットでも遊んでみよう

なお、作成したチャットはPCだけでなく、スマートフォンやタブレットでも動作します。作ったプログラムを配布して友達同士で遊んでみましょう。

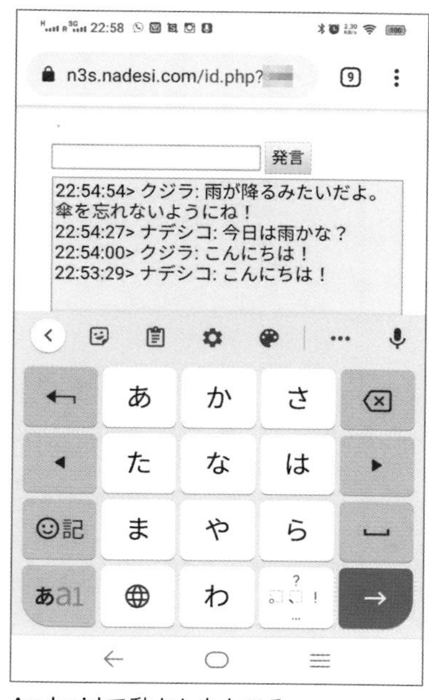

Androidで動かしたところ

チャット改造のヒント

チャットを改良することで、さまざまなプログラムを動かすことができます。ここではメッセージ（文字列）を送受信することでチャットを作りました。送受信する文字列を、座標や描画コマンドに変更することで、お絵かきチャットに仕立てることもできます。

今回のチャットを改良して作ったお絵かきチャットを「なでしこ3貯蔵庫」に書き込んでみました。以下のURLにありますので、参考にしてみてください。

なでしこ3貯蔵庫 > お絵かきチャットのプログラム
[URL] https://n3s.nadesi.com/id.php?542

Memo
WebSocketサーバーでは何が動いているのか

さて、本節の冒頭でチャットの仕組みを紹介しました。その中で、チャットアプリを作るには、サーバーとクライアントの両方を作る必要があることを紹介しました。本節では、WebSocketクライアントの作り方を紹介しました。

それでは、サーバー側のプログラムはどうなっているのでしょうか。今回Colabのサーバーで起動したのは、エコーサーバーと呼ばれる仕組みのプログラムです。エコー（echo）というのは、英語で「やまびこ」や「こだま」を意味する言葉です。そして、エコーサーバーというのは、あるクライアントから受け取った文字列データをそのまま、すべてのクライアントに返信するというものです。

とても単純であるためチャット以外の用途でも利用できます。上記のお絵かきツールでも、同じエコーサーバーを利用しています。「なでしこ3貯蔵庫」に配置しているので、興味があれば覗いてみると良いでしょう。

・WebSocketエコーサーバーのプログラム
[URL] https://n3s.nadesi.com/id.php?545

まとめ

チャットはリアルタイム通信が必要となるプログラムの基本中の基本と言えます。今回のプログラムを改良することで、ネットワーク対戦ゲームなど、さまざまなプログラムを作ることができるでしょう。参考にしてみてください。

Chapter 5-05

カードゲーム（神経衰弱）を作ってみよう

トランプの定番である神経衰弱ゲームを作ってみましょう。ここではカードの種類を減らして、絵柄だけを当てる簡単なゲームを作ってみましょう。ゲーム作成ではゲームデータをどのように表現するかがポイントです。

ここで学ぶこと　神経衰弱 / ゲームデータの表現 / 画像描画

神経衰弱とは

神経衰弱とはトランプで遊ぶゲームの定番です。念のためルールを紹介しましょう。まずは、テーブルの上に裏返しにしたカードを並べます。そして、順番に2枚ずつカードをめくります。同じカードであればそのカードを得ることができます。違うカードであれば再び裏返します。最終的にすべてのカードを得ることが目的のゲームです。

ここで作るカードゲームについて

本来の神経衰弱はトランプを使って遊ぶゲームなのです。しかし、ここではちょっと工夫をして、動物のカードがプレゼント箱に入っていて、同じ絵柄のカードを見つけたら、そのカードがもらえるというゲームにしてみましょう。

8個の箱の中に動物のカードが入っているので探そう！

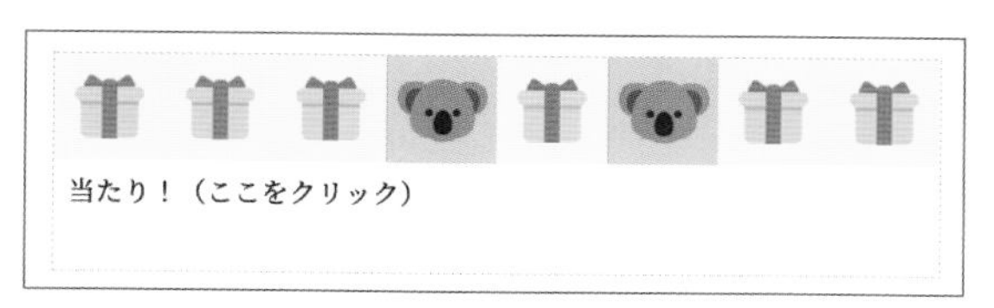

同じ絵柄のカードを見つけるとカードがもらえるよ！

すべてのカードを見つけたらゲームクリア

✿どのようにカードを表現するのか

さて、ここで問題になるのがカードをどのように表現するのかという点です。例えば8枚のカードがあったとして、このカードをどのように表現したら良いでしょうか。ゲームを作る時には、そのゲームのデータをどのように表現するのかを決めることが重要です。

カードゲームを作る場合には、カード一覧を配列変数で表現するのが定番です。そして、それぞれのカードを番号で表現すると良いでしょう。つまり、8枚のカードの例であれば、カード一覧に1から8までの番号の値を用いて表現するのです。それが、動物のカードであっても、1がネコ、2がクマ、3がオオカミ、4がコアラのように決めて番号を使って管理するのです。プログラムにすると、以下のようになるでしょう。

```
# カード一覧を初期化
カード一覧＝[1, 2, 3, 4, 5, 6, 7, 8]
```

なお、配列変数を使うと良いのが、便利な配列を操作する命令がいろいろ用意されているところです。カードゲームではカードの順番をシャッフルすることで、ゲームが面白くなります。配列変数には『配列シャッフル』という命令が用意されています。

配列シャッフルを使って、カードをシャッフルして表示してみましょう。

✎ **file: src/ch5/card_shuffle.nako3**

```
3回繰り返す
    カード一覧＝[1, 2, 3, 4, 5, 6, 7, 8]
    カード一覧を配列シャッフル。
    カード一覧を表示。
ここまで。
```

プログラムを実行するたびに、番号の並びがシャッフルされて表示されます。何度かプログラムを実行してみましょう。その度に、異なる順番で数字が表示されます。

```
3,6,7,1,2,4,8,5
7,5,3,2,4,1,6,8
2,4,5,6,7,1,3,8
```

『尋ねる』で作る神経衰弱もどき

それでは、カードゲームの作り方を簡単に身につけるために、神経衰弱もどきをつくってみましょう。2枚×4組＝合計8枚のカード一覧をシャッフルして、記憶力を頼りに何番と何番が一致するのかを当てるゲームを作ってみましょう。

グラフィックスを使わず『尋ねる』命令だけを使って神経衰弱もどきを作ってみましょう。まずは、実行結果から見ていきましょう。プログラムを実行すると1番目から8番目までのどの場所にあるカードをめくるのか尋ねられます。番号を入力すると、その場所にあるカードの番号が分かります。続けて、2枚目のカードの場所を入力します。すると、カード番号が同じかを判定して結果を表示します。

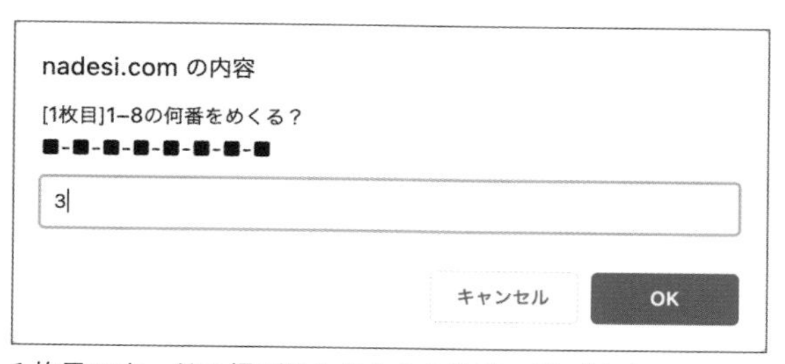

1枚目のカードの場所を1から8の数字で選びます

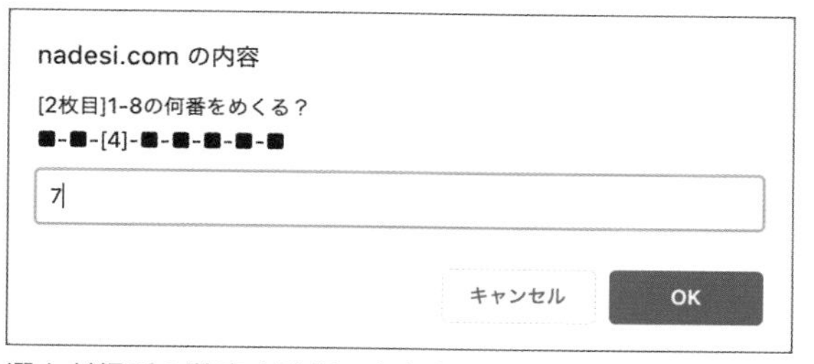

選んだ場所の数字を確認できます。続けて2枚目のカードを選びます

もし、1枚目と2枚目のカード番号が合致しなければ、右のように「残念」とメッセージが表示されます。

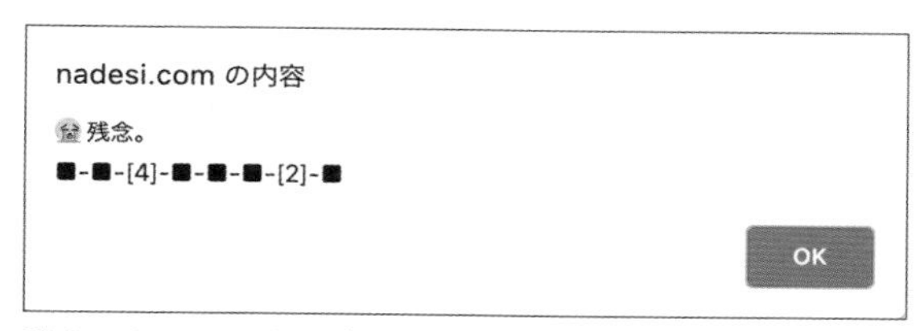

残念。カードの番号が違いました

カードが合致すると右のように「正解」とメッセージが表示されます。今回は2番目と5番目に1のカードがありました。

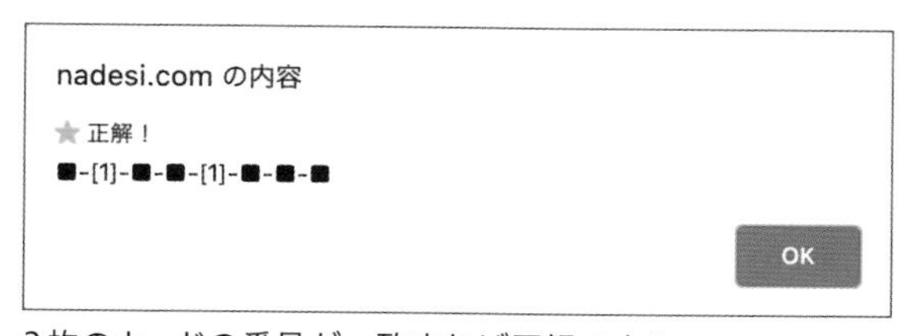

2枚のカードの番号が一致すれば正解です！

合致した場所には「👌」と表示されます。

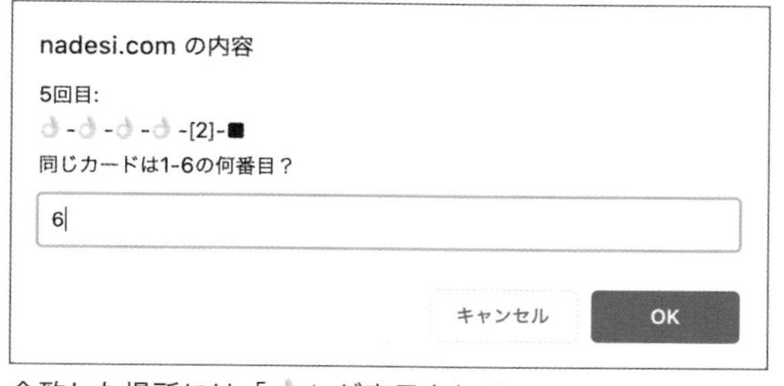

合致した場所には「👌」が表示される

最終的に、すべての一致するカードを見つけるとゲームクリアです。

nadesi.com の内容
5回目でゲームクリア！
OK

すべてのカードを見つければゲームクリア

なお、ゲームを途中で中止したい場合には、カード選択の際、2回連続で［キャンセル］ボタンを押すと終了します。

それでは、実際のプログラムを確認していきましょう。

file: src/ch5/sinkeisuijaku_tazuneru.nako3

```
# カード一覧を初期化 --- 1
カード一覧＝[1,1,2,2,3,3,4,4]
カード一覧を配列シャッフル。

# ゲーム開始 --- 2
永遠の間繰り返す
    # 1枚目のカードを選んでもらう --- 3
    「[1枚目]1ー8の何番をめくる？{0と0でカード表示}」と尋ねてAに代入。
    # 2枚目のカードを選んでもらう --- 4
    「[2枚目]1-8の何番をめくる？{Aと0でカード表示}」と尋ねてBに代入。
    もし、(A=空)かつ(B=空)ならば、抜ける。
    もし、(A=B)または(A=空)または(B=空)ならば、続ける。# 入力間違い
    # 正誤判定 --- 5
    もし(カード一覧[A-1]＝カード一覧[B-1])ならば
        「⭐正解！{AとBでカード表示}」と言う。
        カード一覧[A-1]＝0
        カード一覧[B-1]＝0
        もし、(カード一覧の配列合計)＝0ならば # --- 6
            「ゲームクリア！」と言う。抜ける。
        ここまで。
    違えば
        「😭残念。{AとBでカード表示}」と言う。
    ここまで。
ここまで。

●（AとBで）カード表示とは # --- 7
    机=[]
    Nを0から7まで繰り返す
        C=「■」
        もし((N=(A-1))または(N=(B-1)))ならば # 指定場所のカード番号を表示
            C=「[{カード一覧[N]}]」
        違えば、もし(カード一覧[N]=0)ならば # 既に当てた場所
            C=「👌」
        ここまで。
        机にCを配列追加。
    ここまで。
    それは、改行&(机を「-」で配列結合)。
ここまで。
```

プログラムを詳しく確認しましょう。

1では、カードの一覧を初期化します。ここでは、1、2、3、4のカードを2枚ずつ、合計8つの要素の配列を用意しました。そしてシャッフルします。

2の『（条件）の間繰り返す』文がゲームのメイン部分です。すべてのカードを当てるまで、『永遠』に繰り返し処理を行うように指定しています。

3では1枚目のカードを、4では2枚目のカードをユーザーが選びます。なお、カードを選んだ際、そのカードをめくった状態を再現するために7の関数『カード表示』を利用します。

5では選んだカードが合致するかどうかを判定します。カードが合致した場合、そのカードを0に置き換えます。これによってそのカードを既に取ったことを表現します。そのため、すべてのカードを取った時には、配列変数『カード一覧』の要素はすべて0になります。この性質を利用して6ではカード一覧の各要素を合計して0であれば「ゲームクリア」のメッセージを表示します。ここで、なでしこの『配列合計』という関数を利用しています。この関数を使うと配列変数のすべての要素の値を加算できます。なお、5ではユーザーが入力した番号AとBから-1した値を参照しています。これは、配列変数が0番から始まるからで、-1することで要素番号を調整しています。

7では関数『カード表示』を定義しています。この関数は各カードの状態を文字列で表現して返すもの。その際、引数に指定したA番目とB番目の位置にあるカードをめくってカードの番号が見えるようにします。また、その他のカードを「■」で表します。なお、既に当てた場所（値が0）であれば「👌」と表示するようにします。

このようにグラフィックスを使わなくても、それなりにゲームを作ることができます。それでも、やっぱりグラフィックスを使うと見た目が楽しくなります。次にグラフィックスを使って作ってみましょう。

グラフィックスを使ってゲームを作ろう

最初にカードの絵柄を決めましょう。カードの絵柄は自分でペイントツールを使って作るのも良いでしょう。また、最近はフリー素材もたくさん配布されていますので、それらの画像を使うのも良いでしょう。ただし、フリー素材を使う場合には、素材の利用規約を確認する必要があります。ゲーム内での利用が問題ないことを確認しましょう。

ゲームで使う素材を集めよう

素材をネットなどで集める場合、「完全フリー」「商用可」「動物」のキーワードで見つけたフリー素材をカードの絵柄に使うことができるでしょう。また、今回は、クリエイティブ・コモンズ 4.0で提供されているTwitterの絵文字データを使いました※2。ここでは、動物のアイコンを4種類、プレゼント箱、いいねの画像、合計7枚の絵文字を画像として使います。素材を集めたら、各画像ファイルをペイントソフトで読み込んで80×80ピクセルにリサイズします。

そして、次のようにゲームで使いやすい画像ファイルを横一列に並べた一枚の画像を作ります。

※2　Twemoji　https://twemoji.twitter.com/（クリエイティブ・コモンズ・ライセンス4.0）

これはペイントソフトで480×80ピクセルの画像を作り、そこに上記の画像ファイルを一枚ずつ貼り付けて作ります。作った画像をブラウザで読み込み可能なPNG形式で保存します。

素材ファイルを横一列に並べたところ

以上で素材ファイルは準備完了です。

ゲームで使う画像ファイルをアップロードしよう

さて、なでしこ3で動くゲームを作る場合、素材をどこかにアップロードする必要があります。なでしこのサイトにある、なでしこ貯蔵庫のサービスでは、Twitterアカウントを使ってサイトにログインすれば、自由に画像をアップロードできます。

なでしこ3貯蔵庫 > ファイルのアップロード
[URL] https://nadesi.com/v3/storage/index.php?action=upload

「なでしこ3」 > プログラム共有
なでしこ3貯蔵庫(nako3storage)
一覧　新規　検索　マイページ
画像/音声/テキストのアップロード:
ファイルを選択　選択されていません
タイトル:
ゲームの素材ファイル
著作権の確認:
このファイルは著作権的に問題のないファイルです。
著作権の種類:
パブリックドメイン(CC0) (説明)
CC BY(著作権表示すれば誰でも使えます) (説明)
自分専用(他人の使用の認めません)
ファイルを送信

なでしこ3貯蔵庫にファイルをアップロードしよう

アップロードすると、ゲーム内で利用できるURLが表示されます。なお、URLとはインターネット上の住所を表します。なお、本の素材データをそのまま使う場合のURLは以下の通りです。

アップロードした画像のURL
[URL] https://n3s.nadesi.com/image.php?f=25.png

画像を読み込んで表示する方法を確認しよう

画像ファイルを読み込んで任意の場所に表示するプログラムを確認しましょう。なでしこ簡易エディタでは、大きな画像が表示できないので、「なでしこ3貯蔵庫」でプログラムを新規作成してプログラムを入力してみましょう。ブラウザで以下のURLにアクセスするとプログラムの入力画面になります。

なでしこ3貯蔵庫 > 新規作成
[URL] https://nadesi.com/v3/new

そして、以下のプログラムを入力しましょう。これは、先ほどアップロードした画像を画面に表示するプログラムです。

file: src/ch5/gazou.nako3

```
# 画像のURLを指定
画像URL=「https://n3s.nadesi.com/image.php?f=25.png」

# 読み込んだ横長の画像をそのまま描画 --- 1
画像URLを[0,0]に画像描画。

# 一部分（ネコの部分）を切り出して描画 --- 2
画像URLの[80,0,80,80]を[0,80,80,80]に画像部分描画。
```

そして、このプログラムを実行すると次のように画像が表示されます。なお、プログラムを実行する前にゲーム画面を描画するキャンバスのサイズを400x240に変更しましょう。「実行」ボタンの右端にある「キャンバス：」の部分を「400」×「240」に変更します。そして、実行ボタンを押しましょう。

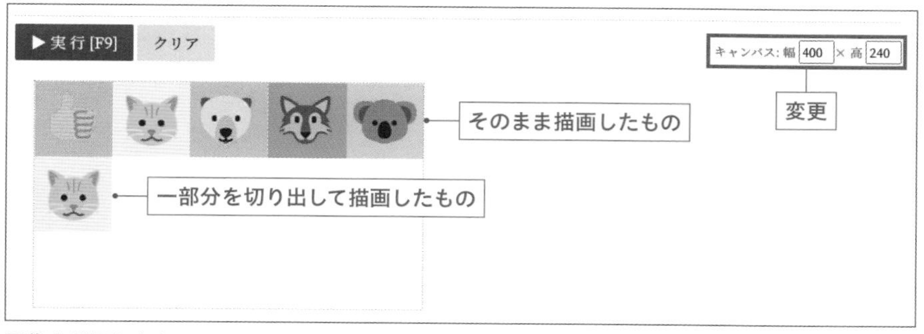

画像を描画したところ

画像を描画する方法にはいくつか方法があります。まず、1で使っている『画像描画』命令では、指定の座標に画像を描画する命令です。そして、2の『画像部分描画』は画像の任意の部分を切り出して任意の座標に描画する命令です。

なお、ゲームでは2の画像部分描画を使うのでもう少し詳しく紹介します。

書式　画像部分描画

(画像)の[sx, sy, sw, sh]を[dx, dy, dw, dh]に画像部分描画。

右に書式を掲載します。第1引数の(画像)には画像URLなどを指定します。そして第2引数では画像のどの部分を切り出すかを指定します。第3引数では切り出した画像をキャンバス上のどこに描画するかを指定します。

この時に、第2引数に4つの数値を指定しています。この意味ですが、これは座標(sx, sy)から画像の幅swと画像の高さshを指定します。同様に第3引数には、座標(dx, dy)から画像の幅dwと画像の高さdhを指定します。なお、第3引数の幅と高さを元画像の切り出したサイズと異なるものにすることで画像の拡大縮小も可能です。

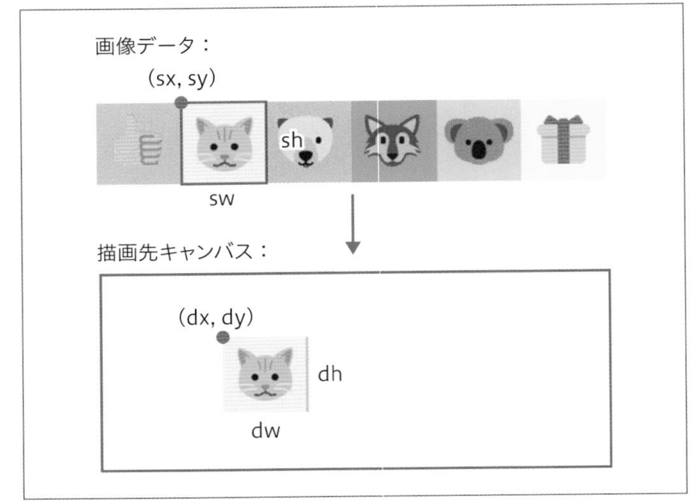

画像部分描画の説明

神経衰弱を完成させよう

画像の扱い方を学んだところで、ゲームを完成させましょう。少し長いですが、『尋ねる』を使ってゲームを作った時(p.164)と似ているので、ゆっくり見ていきましょう。

file: src/ch5/sinkeisuijaku_graphic.nako3

```
# 初期設定 --- 1
画像URL=「https://n3s.nadesi.com/image.php?f=25.png」
W＝80 # カード画像1枚の幅
カード一覧＝[1,1,2,2,3,3,4,4]
カード一覧を配列シャッフル。
選択＝0。A=0。B=0。# 選んだカードを覚えておく変数
進行＝0。# ゲームの進行を管理する変数
ゲーム進行。
```

```
# マウスを押した時のイベントを設定 --- 2
描画中キャンバスをマウス押した時には
    選択＝INT(マウスX÷W) ＋1
    ゲーム進行。
ここまで。

●ゲーム進行とは # --- 3
    もし、進行が0ならば # --- 4
        「1つ目の箱を選んでください！」と情報表示。
        A=0。B=0。進行＝1。
        0と0のカード描画。
    違えば、もし、進行が1ならば # --- 5
        「2つ目の箱を選んでください！」と情報表示。
        A=選択。進行＝2。
        Aと0のカード描画。
    違えば、もし、進行が2ならば # --- 6
        もし、A=選択ならば、戻る。
        B=選択。
        AとBのカード描画。
        進行＝3
        カード正誤判定。
    違えば、もし、進行が3ならば # --- 7
        進行＝0
        ゲーム進行。
    ここまで。
ここまで。

●カード正誤判定とは # --- 8
    もし(カード一覧[A-1]=カード一覧[B-1])ならば
        「当たり！（ここをクリック)」と情報表示。
        カード一覧[A-1]=0
        カード一覧[B-1]=0
        もし((カード一覧の配列合計)=0)ならば # --- 9
            「ゲームクリア」と情報表示。
            カード一覧＝[1,1,2,2,3,3,4,4]
            カード一覧を配列シャッフル。
        ここまで。
    違えば
        「ハズレ（ここをクリック)」と情報表示。
    ここまで。
ここまで。

●(Sと)情報表示とは # --- 10
    [0,80,640,80]の描画クリア。
    20に描画フォント設定。
    [10,110]にSを文字描画。
ここまで。
```

```
●(AとBの)カード描画とは # --- 11
  Nを0から7まで繰り返す
    C=5 # 箱の絵
    もし(N=(A-1))または(N=(B-1))ならば
      C=カード一覧[N] # カードの絵柄
    違えば、もし、カード一覧[N]=0ならば
      C=0 # クリア画像
    ここまで。
    # 指定画像の描画
    画像領域＝[C×W,0,W,W]
    描画領域＝[N×W,0,W,W]
    画像URLの画像領域を描画領域へ画像部分描画。
  ここまで。
ここまで。
```

なお、このプログラムは「なでしこ3貯蔵庫のエディタ」で実行してください。プログラムを実行する時には、実行ボタン右側のキャンバスサイズを640×160に設定してください。このゲームでは、このキャンバスサイズで描画します。

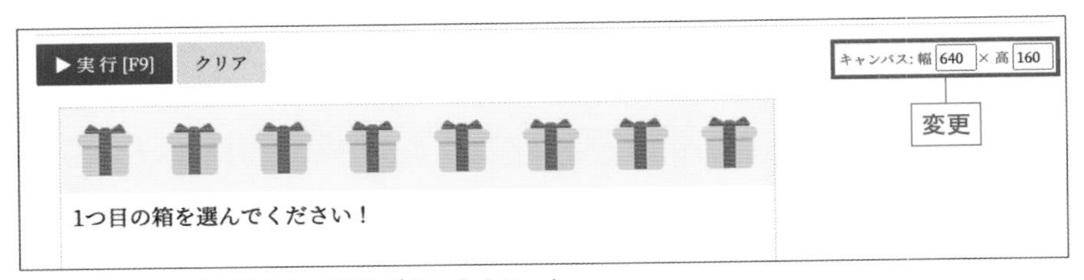

キャンバスサイズを指定して実行ボタンをクリック

プログラムを実行すると8個の箱が並びます。神経衰弱のルールの通り、箱を2つ開けて、その箱の中に入っているカードが同じ絵柄であればカードを取ることができます。

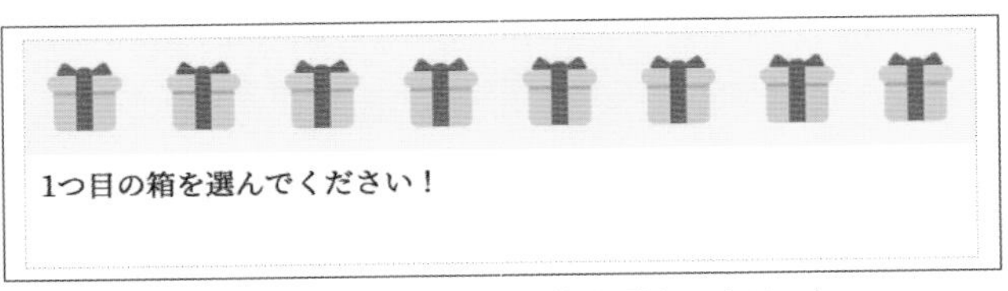

ゲームが実行されたところ。1つ目の箱を選んでクリック

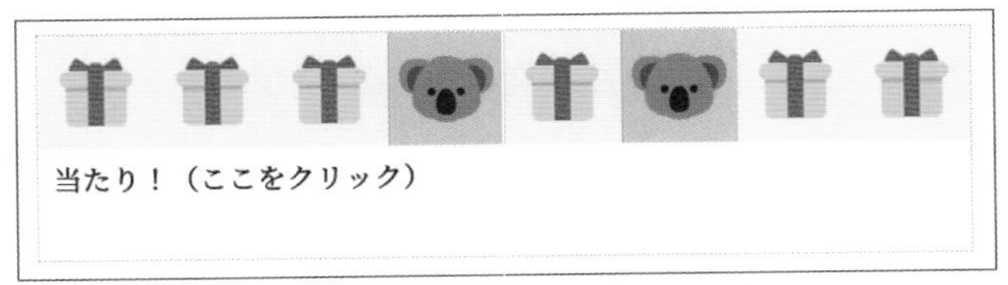

4つ目と6つ目の箱にはコアラのカードが入っていた

繰り返し、箱を開けていって、すべてのカードを取ればゲームクリアです。

すべての箱を開ければゲームクリア

それでは、プログラムを確認しましょう。

1ではプログラム中で使う変数の宣言をまとめて書いています。ここでは、『画像URL』や画像の幅を表す『W』、テーブル上のカードデータを表す『カード一覧』、選んだカードを覚えておくための『選択』、1枚目に選んだカードの場所『A』、2枚目に選んだカードの場所『B』、ゲームの進行を管理する変数『進行』を初期化しました。

そして、2の部分ではキャンバスをクリックした時に実行する処理を記述しています。マウスをクリックした時にどのカードを選んだのかを、変数『選択』に記憶して、関数『ゲーム進行』を呼び出します。

そして3では関数『ゲーム進行』を定義しています。ここがこのゲームの肝となる部分です。変数『進行』の値によって異なる動作をします。次のような動作になるようにしています。

進行の値	説明	プログラムの位置
0	1つ目のカードを選んでもらう前の時点	4
1	選んだカードの番号を変数Aに記録して、2つ目のカードを選んでもらう	5
2	選んだカードの番号を変数Bに記録して、正誤判定を行う	6
3	判定結果を確認した後、変数『進行』を0に戻す	7

この0から3の動作を繰り返すことで、ゲームが進行していくようにしています。『尋ねる』文を使ってゲームを作る場合、ダイアログを画面に出すだけだったので、変数を使ってゲームの状況を管理する必要がありませんでした。しかし、マウス操作やキーボード操作を取得する場合、このようなゲームの進行を管理する変数を用意して、今、何が起こっていて、何の処理をすれば良いのかを管理するようにします。

さらに詳しく見ていきましょう。4ではすべてのカードを伏せた状態で『カード描画』関数を実行します。「1つ目の箱を選んでください」とメッセージを表示して、ユーザーがマウスでキャンバスをクリックするのを待ちます。

5ではユーザーが選んだ場所を変数『A』に代入し、選んだカードを表示します。その際、「2つ目の箱を選んでください」とメッセージを表示して、ユーザーがキャンバスをクリックするのを待ちます。

6では選んだ2つのカードを表示して、正誤判定を行います。

そして、7では正誤判定の結果をユーザーが確認して、キャンバスがクリックされた後、変数『進行』を0に戻して改めて、『ゲーム進行』関数を呼びます。すると、1つ目の箱の選択待ちになります。

8ではカードの正誤判定処理を行います。もしカードが合致していれば9でゲームのクリア判定も行います。この処理は、『尋ねる』を利用した神経衰弱ゲームと全く同じです。

🔟ではカードの下にメッセージを表示します。画面の下半分の描画をクリアして、文字を描画します。

⑪では、画像の一部分を切り出してカードの描画を行います。1枚の画像に複数の画像を配置した甲斐あって、スムーズに画像が表示されます。すべての画像が80ピクセルごとに並んでいるので、「カード番号×80」をすれば、該当する画像を切り出してキャンバスに描画できます。

まとめ

以上、ここでは配列変数を利用してカードゲームの作り方を解説しました。また、画像の描画方法やマウスイベントの扱い方も紹介しました。ここで紹介したテクニックを活用することで楽しいゲームを作れるようになるでしょう。

Column

音楽を鳴らしてゲームを盛り上げよう

音楽はゲームを盛り上げる重要な要素です。なでしこでも音楽を再生できます。音楽を再生するには、以下のように『オーディオ開く』命令と『オーディオ再生』命令を使います。

file: src/ch5/play_music.nako3

```
# 音楽ファイルのURL
効果音URL=「https://n3s.nadesi.com/image.php?f=23.mp3」

# 音楽ファイルを再生する手順
効果音=効果音URLをオーディオ開く。# --- 1
効果音をオーディオ再生。 # --- 2
```

最初に、『オーディオ開く』(1)でWebサイトにアップロードしてある音楽ファイルのURLを指定します。これにより、音楽ファイルの再生準備を行います。そして、『オーディオ再生』(2)で実際に再生を行います。

なお、ブラウザごとに対応している音楽ファイルの形式は異なりますが、MP3(拡張子が「.mp3」)やOgg Vorbis(拡張子が「.ogg」)の形式の音楽ファイルは大抵のブラウザで再生できます。

このように、音楽ファイルそれほど難しくありません。ただし、ブラウザゲームでは、急に音が鳴るとユーザーを驚かせてしまうことも多いようです。そのため、あらかじめ音楽が鳴ることをユーザーに知らせたり、設定でオフにできるようにしておいたりすると親切でしょう。

おわりに

本書を通して皆さんと一緒にプログラミングを学ぶことができて、とても光栄に思っています。本書はこれで終わってしまいますが、プログラミングの世界は広く刺激的です。常に新しい技術が生まれており、できることも増えています。引き続き、プログラミングを学び続けていきましょう。

本書の次に何をしたら良いでしょうか。本書を読破した皆さんは、もうプログラミングの「いろは」をマスターし、自分で簡単なゲームやツールを作ることができるでしょう。ぜひ、本書で学んだプログラムを改良したり、オリジナルの機能を加えたりしてみてください。自分でプログラムを作ると、プログラミングに対する理解がさらに深まります。

また、なでしこ貯蔵庫で公開されているプログラムや、マニュアル、掲示板を覗いてみると良いでしょう。貯蔵庫には、なでしこの達人たちが持てるテクニックを駆使した参考になるプログラムがたくさんあります。それらの資料はプログラミングの幅を広げるのに役立つでしょう。

加えて、自分で作ったプログラムを公開するのも楽しいものです。誰かに自分の作ったプログラムを使ってもらえると励みになります。筆者は皆さんの作ったプログラムを見られるのを楽しみにしています。

謝辞

本書の執筆にあたり、たくさんの温かい励ましをいただきました。

なでしこコミュニティのまとめ役のEZNAVI.net（望月）さん、なでしこユーザーの皆さん、なでしこを教科書に推薦してくださった先生方（おかげでこの本が書店に並ぶことができました）、書籍の企画から校正まで丁寧なお仕事で支えてくださる編集の伊佐さん、2005年のなでしこ本に続き本書を素敵なイラストで本を盛り上げてくれた、しまさん、いつも側で支えてくれる妻と友人たち。そして、本書を手に取ってくださった読者の皆さん、本当にありがとうございました。

Index

一般

記号・アルファベット

あ～そ

た～ほ

ま～ろ

なでしこの命令・特殊変数など

記号

アルファベット

あ行

か行

さ行

た行

な行

は行

ま行

や行

ら行

わ行

著者プロフィール

クジラ飛行机（くじら ひこうづくえ）

一人ユニット「クジラ飛行机」名義で活動するプログラマー。代表作に、テキスト音楽「サクラ」や日本語プログラミング言語「なでしこ」など。2001年オンラインソフト大賞入賞、2005年IPAのスーパークリエイター認定、2010年IPA OSS貢献者賞受賞。2021年「なでしこ」が中学の教科書に掲載。技術書も多く執筆しており、JavaScript・PHP・Python・機械学習など多くの書籍を手がけている。

Staff

ブックデザイン　三宮 暁子（Highcolor）
イラスト　しま
DTP　シンクス
編集　伊佐 知子

日本語だからスイスイ作れる
プログラミング入門教室

2021年8月22日　初版第1刷発行

著者　クジラ飛行机
発行者　滝口 直樹
発行所　株式会社マイナビ出版
〒101-0003　東京都千代田区一ツ橋2-6-3 一ツ橋ビル2F
TEL：0480-38-6872（注文専用ダイヤル）
TEL：03-3556-2731（販売）
TEL：03-3556-2736（編集）
E-Mail：pc-books@mynavi.jp
URL：https://book.mynavi.jp
印刷・製本　シナノ印刷株式会社

ISBN978-4-8399-7669-9